母は娘の人生を支配する

なぜ「母殺し」は難しいのか

SPRING 野

更具体地生长

All This Wild Hope

无论是母亲还是女儿，
她们都在面对同一个迷宫。

"如果我和妈妈一模一样，
我该如何成为我自己？"

斋藤环
1961—

母は娘の人生を支配する

なぜ「母殺し」は難しいのか

母女关系的精神分析

被支配的女儿们

斋藤 環

[日] 斋藤环 著　蕾克 译

GUANGXI NORMAL UNIVERSITY PRESS

广西师范大学出版社

·桂林·

图书在版编目（CIP）数据

母女关系的精神分析：被支配的女儿们 /（日）斋藤
环著；蕾克译. —— 桂林：广西师范大学出版社，2025.7
（2025.9重印）. —— ISBN 978-7-5598-8001-7

I. B844.5

中国国家版本馆CIP数据核字第2025U25J53号

HAHA WA MUSUME NO JINSEI WO SHIHAISURU : NAZE « HAHAGOROSHI » WA
MUZUKASHIINOKA by Saito Tamaki

Copyright © 2008 Saito Tamaki

All rights reserved.

Original Japanese edition published by NHK Publishing, Inc.

This Simplified Chinese language edition published by arrangement with NHK
Publishing, Inc., Tokyo in care of Tuttle-Mori Agency, Inc., Tokyo through Pace
Agency Ltd., Jiangsu Province.

This book is published with the support of The Japan Foundation.

本书承蒙日本国际交流基金会提供翻译及出版资助。

著作权合同登记号桂图登字：20-2025-007 号

MUNÜ GUANXI DE JINGSHEN FENXI：BEI ZHIPEI DE NÜERMEN
母女关系的精神分析：被支配的女儿们

作　　者：（日）斋藤环
译　　者：蕾克
责任编辑：彭琳
特约编辑：徐露　赵雪雨　王一婷
装帧设计：郑在睡　汐　和 at compus studio
封面插画：昔酒
内文制作：陆靓

广西师范大学出版社出版发行

　广西桂林市五里店路 9 号　邮政编码：541004
　网址：www.bbtpress.com

出版人：黄轩庄

全国新华书店经销

发行热线：010-64284815

北京启航东方印刷有限公司印刷

开本：787mm×1092mm　1/32
印张：7.5　　　　　字数：109千
2025年7月第1版　　2025年9月第2次印刷
ISBN 978-7-5598-8001-7
定价：48.00元

如发现印装质量问题，影响阅读，请与出版社发行部门联系调换。

推荐序

女性，只有独自一人的少数群体

文 / 张春

斋藤环是一位 20 世纪 60 年代初出生的日本精神科医生，他还有个很有趣的特殊身份：漫画评论家。本书引用了多部漫画作品里的故事，作为篇章里观点的举例或作为引子，切入更晦涩的话题。

这种说明方法，相较于许多心理学书籍仅说理或列举案例，更易于理解，也更有趣味，仿佛在看一本故事集。毕竟人类吸收信息最有效的方法，就是故事。

书中有个令我疑惑之处，就是斋藤环所提出的"女性化即身体性"这个概念。读完全书后我的理解是，后天造就的"女性化"（女性特质）和天生拥有的"身体性"（生理体验），在女性成长过程中被动地打通了，它们共同定义了"身为女性这种性别的感觉"。

换句话说，就是"让我一眼被认出是女性的东西"和"时刻提醒我自己是女性的东西"。它们描述着"别人眼中的我"和"我想象中的我"，同时囊括两种视角。

这个理解或可作为全书钥匙，帮助读者更容易地阅读本书。

所以，书中写道，"无论女儿多么想否定母亲，她们也早已活在母亲赋予的语言之中，也只能继续这样。"

作为一名男性作者，斋藤环几乎是公正的。他找到些缝隙插入新的看法。在他的多本著作里我都看到了这样的尝试，摆脱许多精神分析和社会科学书籍里的陈词滥调。非性别主义，非精神分析，非俄狄浦斯，有一些不落窠臼的决心和巧思，读者阅读时，也不妨不带预设地去看。

阅读本书令我再次体会到："母亲"这个工作太容易失败了，尤其是女儿的母亲。

全书题眼是这句话："在本质上，每个女性都是一个独立的少数群体"。这个群体有多"少数"呢:只有她一个人。

所以,母亲和女儿身处各自的少数群体中,许多时候都有各自的诉求。

本来,两个人无法全然合作是很自然的。问题在于,"母亲"被冠以"无私而伟大的母性","女儿"被冠以"贴心小棉袄"的标签——这些都是作为少数群体/弱势群体的一员被区别对待,被隔离于自然权利之外的表现——从而使得合作中的合理挫折,变成了"不应该",失去了正当性。

母女之间首要的"利益冲突"就是,母亲需要经由女儿来认定:

1. 我是一个好母亲。我身为母亲所做的都是被社会认可的,都是对的。

2. 我可以教出一个好女儿。我的女儿也以我希望的方式得到"社会"的赞许。

女儿需要经由母亲学习如何作为女人存在。也就是要经由母亲来对照"我应该对我是个女人这件事是什么感觉"——我想这就是女儿们学习和感受"女性特质"的过程。在这个过程里无论情愿与否,总会把母亲对自身、对"女人"的那些期许和严厉继承下来。

如果女儿的言行有任何摇摆，也许只是不符合社会舆论中的某一项，也许只是不符合母亲自己的某个想象，也许都符合了，但标准却变了——母亲的身份就被剧烈撼动，产生危机。

如果身为女儿流露出否定含义的评价，又会受到母亲的有效抵抗甚至惩罚。毕竟在孩子还需要养育的漫长时间里，母亲有绝对的地位优势。

一个权力者，能够被下位者否决——这是一组可怕的矛盾，让身在其中的人都无所适从。因为这里面的权力者和下位者位置不断调换；但实际上都身处弱势者的位置，没有哪一方能承担身为上位者"忍受让别人失望"的责任。

精神分析不负责给出解决方案。这本书也是如此。我想知识能告诉我们的，本来也就是描述清楚"这有多难"，剩下的就是生活和体验了。"破地狱，以强大的念力不堕轮回。"[1]孩子进监狱是母亲失败，孩子不想结婚也是母亲失败，丈夫对家庭气氛不满意，也是母亲失败（像《绝望主妇》里的

1　语出张怡微。

Bree）——也许，只需思考成为一个失败到什么程度的母亲，放下成为完美女人的幻梦。因为只有弱势者才向往完美，上位者看自己是天生完美的。也许，女儿就无法不令母亲失望。庸碌无为会令母亲失望，精彩远走也会令母亲失望；不结婚令母亲失望，结多了也不行……所以只需要决定，让母亲失望到什么程度，而不是挣扎于如何与母亲心灵相通。

毕竟，每个女人都身处只有独自一人的少数群体。得以存续已是成功。

目录

序章

为什么「弑母」那么难

母亲的存在

深深渗透在作为女性的女儿的内心深处，

女儿尝试"弑母"，

无异于伤害她自己。

母女关系的特殊性

这个世界上几乎不存在没有阴暗秘密的家庭，每个家的衣柜里都藏着骷髅。这句话据说最早出自英国作家萨克雷[1]。我完全赞同，而且认为"阴暗秘密"和"骷髅"还分为不同的种类和层次，上至"想隐藏的秘密"，下至"暗藏心中的不愿言说的感情"。以我的经验看，在母女关系中，"暗藏心中的不愿言说的感情"更容易出问题。

母亲和女儿，这么一对困难纠结的组合，能告诉我们什么呢？

首先可以明确的是，母女关系和母子、父女、

---

1 威廉·梅克比斯·萨克雷（William Makepeace Thackeray，1811—1863），英国著名小说家和讽刺文学大师，代表作有《名利场》。——本书中如无特别注明，均为译者注。

父子关系都不一样。也许大家会说"这不是理所当然的吗",我想强调的是,在这四种亲子关系中,母女关系最为特殊。如果你是女性,也许会深有同感地点点头。

一旦我们注意到了这个充满问题的领域,不夸张地说,看世界的眼光便会从此不同。男性为什么很少关注母女关系这种广泛存在的问题,或认为与自己无关?为什么这种具有普遍性的、历史性的问题,长期以来一直被忽视?

我是临床诊疗茧居问题的医生,在茧居问题上,男性和女性有差别。众所周知,在茧居者里,男性占压倒性的多数。很少有人提到,女性一旦进入茧居状态,往往比男性更彻底、更极端。在我的诊疗经验中,女性茧居者的彻底性这个特点通常受到母女关系的巨大影响。

茧居状态的青年几乎都与母亲形成了过度密切的依赖关系。在这种"密切"中,儿子和女儿的反应有所不同。一般而言,母女关系呈现出异乎寻常的复杂而怪异的状态,不是"纠结"一个词就能表达完整的。正是这种一言难尽的状态束缚住了女儿们,让试图逃离的女儿们陷于难以脱身的泥沼。

每次我在各处的讲座中提到母女关系的复杂性，经常引发在场听众中很多母亲既像共鸣也似苦笑的反应。这种反应在其他话题中基本不会出现。是的，普通母亲们同样在为自己与女儿的关系而苦恼。至少现在我可以确定，母女关系的泥沼几乎是大多数女性都面临的潜在难题。

需要说明的是，并非所有母女关系都有问题。不过可以肯定，母女关系一旦恶化，就会变成复杂爱恨的温床。情感纠葛遍布在各种问题里，无处不在，难以简单解开，更使得双方关系盘根错节。

相比之下，父女的关系几乎称得上单纯，往往有两个明显的倾向，或者关系极好，或者彻底嫌恶。母子关系也是相对单一，母子密切相连，很容易陷入一目了然的病态性相互依赖。在这种母子关系里，表面上看，母亲在低声下气地服从儿子，实际上儿子对此已经形成了依赖。不必说，母亲对自身担当的被依赖的角色，也是主动深陷，不想脱身。双向依赖状态当然会引发很多棘手的问题，但在复杂程度上，依然远不及母女关系。

从某种角度看，与母亲相比，父亲是一种更接近工具性的存在，由此，父子关系相对来说比较单纯。这种单纯，有时以"弑父"的形式在很多故事中有所体现。比如，野口嘉则曾出版过一本现象级的大畅销书《镜子法则》，在网络上引发众人讨论。许多人感同身受，也有人批评此书，认为它像一种自我启发讲座，有种新兴宗教的洗脑宣传味儿。故事不长，很快就能读完：

主妇A因儿子被霸凌而苦恼，找丈夫的前辈友人B先生商量求助之后，才察觉到自己一直无法原谅自己的生父。在B先生的建议下，主妇A拨通父母家的电话，向父亲感谢养育之恩，父亲感动得号啕痛哭，三下五除二，父亲和女儿冰释前嫌，达成和解。孩子的霸凌问题似乎也自然解决，从此他们过上了幸福生活。

抱歉，我总结得有些刻薄。我个人的读后感首先就是——对于B先生这样的人，我既羡慕，又反感。B先生如此熟练地操控了人心，对此他竟然没有丝毫忧虑和迟疑；至少可以说，"施恩于他人时感到的羞耻"和"被他人感谢时感到的忧郁"等情绪，在B先生身上是看不到的。也许B先生足够达观，抵达了超越此类情绪的更高境界。如此高境界，我这种充数的专业人士拼了老命也模仿不来。

话虽如此，从精神医学的角度看，这个故事结合了"移情""投射"[1]的概念和"内观疗法"[2]的理念。不过，通常的内观疗法大多基于"对母亲的感恩"展开，《镜子法则》走了"向父亲道歉"的路线，也许这就是引发共鸣的关键。

年迈的父亲听到女儿道歉后号啕痛哭，堪称故事的高潮。通常来说，无论我们自身所处的亲子关系如何，在潜意识中都渴望与父母和解。这个故事的核心，正是这种具有普遍性的渴望。所以父亲痛哭的一场戏才能引发轰动性的共鸣。

在我看来，故事把父亲设定为核心人物是隐藏着深意的。

内观疗法非常耗费时间。简而言之，需要患者花费大量时间，彻底"详查""母亲为自己做过的事"，促使患者对亲子关系和自己的成长经历产生更深刻的洞察，唤醒感恩之心。其实很多人认为，这种"无论父母是什么样子，孩子不管三七二十一

---

1 移情指一个人将自己对于早年重要人物的情感体验和期望积极或消极地投射到他人身上。投射指一个人将内在生命中的价值观与情感好恶影射到外在世界的人、事、物上。
2 1953年由日本学者吉本伊信提出，主要是通过观察自己的内心感受、内在思想，以达到自我精神修习或治疗精神障碍的目的。

先感谢了就能解决亲子问题"的态度，是新兴宗教常见的狂热偏执。

根据我的临床经验，这种疗法在刚开始实施时似乎有效。但很遗憾，有效性不稳定。至少对某些重度患者来说，效果并不显著。而且，这种方法强调通过审视内心引发改变，对某些因为过度内省而已经出现了问题的人，比如社交恐惧者或强迫症患者，没什么效果。

附带说一句，这种疗法对于内省能力欠缺者来说可能有效。很多给人带来困扰的行为，以及一些人格障碍的表现可能源于内省能力的欠缺，内观疗法有可能成为改变的契机。不过，如何"激励"这些人去接受治疗，仍然是个难题。

女儿"弑母"的不可能性

通常来说，"母亲"才是那个被选择的感恩对象，在《镜子法则》里变成了父亲，深意何在？

可以明确的是，这个故事实际上属于"女儿的弑父"。对这个女儿来说，她与父亲的对立关系充满了欺侮和感情冲突，然而，这种陈年旧事带来的对父亲的憎恶，也成为她内心的一种支撑。

女儿已到中年，几乎不和父亲说话，在某种意味上，这种关系也堪称浓烈紧密。如果他们像路人一样疏远，也许会在节假日里见见面，偶尔打电话说两句话，可以维持一种礼节性的平和关系。这个女儿没有这么做。她对父亲的反抗与憎恶，正是她维持父女关系的方式。

这个女儿后来遵循 B 先生的建议，试图结束这种父女关系。就是说，她试图通过言语上的感谢和宽恕，将这条由憎恶和情感冲突交织而成的结实纽带，做个一刀两断。故事由此圆满。就这样，通过一场卡塔西斯效应[1]，两人的关系画上了终结的句号。

如果故事还有后续，假设女儿心里残留着没能彻底斩断的不甘心（怎么就这么简单地宽恕了父亲），也会被视为"不真实的感情"吧。我之所以使用"弑父"这个过分强烈的词，是想强调包含在这个词当中的"杀死"的涵义。仅仅通过这么简单的感谢和宽恕的套餐，就能让关系和故事终结，这

---

1 通过情感表达和宣泄来减轻个人内心压力和痛苦的心理治疗过程。常见方式有与心理治疗师的对话、文字的书写、艺术创作等。

种处理才充满了暴力。能为这种故事感动的人，哪有资格笑话网络小说简单粗糙。前述用了太多篇幅，总之，这个故事如果把父亲换成母亲，恐怕就不成立了。也许《镜子法则》拥有很多女性读者，很多女性与母亲的关系并没那么简单。父女之间的冲突通常趋向于欺压（有时是虐待）和憎恶等相对单一的形式，但在母女关系里则与之相反，单纯的欺压几乎成不了问题。

母女之间的保护和依赖，同时也滋生出支配与被支配的问题，由此引发的诸多矛盾，仅靠单纯的感谢和宽恕无法完全解决。因此，母亲并不会像这个老实巴交的父亲一样，轻而易举地让自己"被弑"。女儿对父亲，也许能简单地进入一种对立关系里，却难以与母亲对立。母亲的存在深深渗透在作为女性的女儿的内心深处，女儿尝试"弑母"，无异于伤害她自己。

再重复一次。在象征意义上，"弑父"不仅可能，甚至可被视为成长的必经之路，但"弑母"恐怕是不可能的。即便在现实中母亲的肉体可能会消失，象征意义上的"母亲"也不可能被"杀死"。"弑母"的不可能与"弑父"的可能性，是一体两面。从这个角度来说，在"弑父"的同时无法"杀死"母亲，是人之所以为人的众多条件中的一种。

对于女性而言，这也许是显而易见的事实，对于男性的我来说，却是一个惊异的发现。问题如此重大，却很少被人提及，只有正视它才是达成讨论的起点。

本书的关注点在于"弑母"的不可能性是如何形成的。我会列举一些病例分析，也会大量引用小说和漫画作为讨论素材。最后我想附加一些原本可以省略的注释。那就是本书对社会性别[1]的处理态度。

我不是一个正宗纯粹的女性主义者，但作为一名志在从事精神分析工作的临床医护人员，为了坚守公正原则，我对女性主义者抱有亲近感。当然，我思考得不那么深刻，只是出于一种信念——任何人都不该仅仅因为性别差异而蒙受不利。

只要不陷入名为男性中心主义[2]的偏见，精神分

1　社会性别（gender）是相对于生理性别（sex）而提出的概念，指的是被社会建构的性别角色和行为规范。

2　Phallocentrism，又译作菲勒斯中心主义或阳具中心主义，是以弗洛伊德为代表的传统精神分析学派的核心概念，其认为男性对人类的所有事物都具有合法的、通用的参照意义。

析和女性主义是非常契合的。我全面肯定"社会环境和文化条件塑成了后天的性别差异"这一观点。成为男性，成为女性，几乎都是人为的区分，社会环境和文化习惯在为这种区分提供支撑，与生物学的性别本质没有关联。

因此，所谓的"女人味儿""男性气概"之类的问题，几乎完全是政治性问题，无论从什么角度看，都无法完全归因于染色体、基因或大脑结构的细微差异。不是说科学手段做不了这种归因，而是不该这样归结，无论是否有科学依据。

本书讨论的母女关系是特有的难题，从理论上说，可以出现在任何人际关系里。不过事实上，这类问题在生物学意义上的母亲和女儿之间最为常见。这种说法绕口，严格意义上却是如此。当然，本书的论述也可以应用在姐妹关系、朋友关系、恋人关系等其他关系里。

以上这些看似多余的注释，是不可避免的步骤，因为我不愿意被误解为反女性主义的本质主义者（即信奉生理性别具有本质差异的人）。

好，准备就绪。接下来，让我们一起走进名为母女关系的幽暗森林。

第一章

母亲和女儿的争斗

单单为了对抗而对抗，
对抗本身成了乐趣。

就这样，爱本身也会呈现出争斗之相。
关心与爱的相争难分胜负，无休无止，
只有死亡和别离才能带来终结。

一　发出痛苦尖叫的女儿们

"铊少女"案

本章将基于案情报道、杂志手记、网络投稿等素材来探讨母女关系的复杂性。

从刑事案件这种极端事例出发，导出普遍性结论有时并不容易。不过，一些极端性案件正因极端，往往具有象征性。

而媒体上的读者来信，通常带有虚构和夸大的成分，难以保证准确性。不过，夸张的故事更易反映出人的渴望和矛盾纠葛。无论你是男性还是女性，阅读接下来的内容时，我都希望你关注自己的内心，洞察一下自身产生了何种内心波澜。

与母女关系相关的案件当中，"铊少女"案可以说给我们留下了深刻印象。

此案于 2005 年 10 月见诸报端，日本静冈县的一名十六岁高一女生，在饮食中投放金属铊，试图毒杀四十八岁的母亲。女生在高中是化学研究社团的成员，具有药理学知识，喜爱阅读《格雷厄姆·扬 [1] 毒杀日记》。据说她在学校里是一个普普通通的学生，那么这个"普通"女孩，为什么选择了母亲作为谋杀的对象？

据报道，女孩在网上有一个名为"残忍的大地精灵"（glmugnshu）的公开博客，详细记录了母亲中毒后逐渐衰弱的状况，以及自己用毒物杀害猫的过程。从博客中看不出她和家人有嫌隙或严重冲突。这名母亲因中毒现处于植物人状态。案发后，少女被送往医疗性少年院接受保护性处置。此案因其特异性而令人注目，同时也显得不可解。

据报道，少女在拘留期间给父亲写过信（《静

---

[1] 1961 年，十四岁的格雷厄姆·扬在家人身上进行毒物测试，最终杀死其继母。在承认了罪行后他被送进一家精神病医院，五年后获释。由于保护未成年人，他的这段经历得以隐藏。不久后，他再次开始对身边的人投毒，之后被捕并被定罪。

冈铊毒杀案少女寄来的七封信》,《现代周刊》, 2006年6月30日）。信中没有任何道歉或反省的话, 反而充满了诸如"给我买衣服""不要把房子卖掉"等命令。有些信稍微能读出一些反省之意, 但与她在博客上发表的内容矛盾, 给她父亲留下了并非发自女儿内心的印象。后经精神科鉴定, 少女被诊断为阿斯伯格综合征。调查发现, 她在初中时期曾遭受过严重的霸凌。

案件令我难以释怀之处, 就是少女和母亲之间并没有明显的冲突。厌恶父亲的少女很多, 而在现实中少女杀害父亲的案件却少之又少。那么, 这名少女又是为了什么而选择母亲作为毒杀实验的对象, 为什么必须是母亲？正因为缺乏表面上可以解释的动机, 我困惑不解, 不禁认为是一种深深难测的晦暗, 将这对母女连在了一起。

精神科医生香山理加谈及此事时, 指出过母女关系的独特性（《"铊少女"为何试图弑母？》,《创》杂志, 2006年1月号）。她认为, 对于女儿而言, 母亲既是身边最近的女性, 也因为其女人性和世俗性, 有可能成为女儿强烈反感或厌恶的对象。香山提出疑问：少女没有通过自杀的形式表达自我否定,为什么选择了杀母这种罪行？

如果少女的阿斯伯格综合征的诊断是恰当的，那意味着她的脑神经系统有器质性病变。这种情况下，我们很难凭借日常经验去共情或同情她。香山没有提及对少女的诊断，持此看法的精神科医生应该不在少数。不过我认为即使在这种情况下，基于共情的推测并非没有意义。

杀死父亲，通常需要一个明确的动机，那么杀死母亲呢？也许母女关系里隐藏着一种阴暗，足以令人觉得即使发生无动机杀人也并非多么不可思议。当然，我不喜欢"心底里的暗黑"这种俗套修辞，但有些只能用"无法理解"来形容的谜样关系，也不得不搬出这个说法来套一下了，敬请谅解。

例举此案件，绝非想说母女关系里必然存在着憎恶，而是我认为此案件多多少少象征了母女关系中潜藏着"难以理解殆尽的部分"。对很多孩子来说，母亲无疑是最初的他者。小孩，尤其是女孩，会以这个他者为镜子来发展自我意识。若是如此，孩子无法把自身与母亲区分开也很好理解。孩子的自我否定，很容易导向对母亲的否定。不过，母女关系的复杂性并不仅限于这样简单的镜像关系。

这个案件究竟在多大程度上可被普遍化呢？谈过"铊少女"案后，我们再来看看其他普普通通的"女儿们"的报纸投稿。

日本全国性媒体《朝日新闻》在千禧年前后曾经做过一场征集读者意见的讨论型连载——《如果是你，如何看待母女关系》。未曾想开篇连载的两封读者来信就受到了极大的注目，引起巨大反响。

第一篇投稿来自一名东京大学的学生，她为母亲的过度干涉而深深苦恼。

她上大学之后，母亲依然过度干涉她的隐私，持续束缚她的行为，日日检查她的书包、书桌、私人信件，偷听她和别人的电话通话，品评她的交友关系，就连她的衣着和发型，也全部是由母亲决定的。这名女生在信中写道："我想早点结婚成为家庭主妇，获得自由，绝对不想变成我母亲那样的母亲。"

第二篇投稿来自一名三十四岁的女性。她同样遭受着母亲的过度干涉，但她仍然帮助母亲打理店铺长达十年之久。当她姐姐结婚时，母亲不禁说出一句"你姐姐结婚了，你不会抛弃我吧"，这让她陷入抑郁症，直到现在依然处于抑郁状态。她说：

"我从母亲身上从未感受到爱，那只是一种扭曲的束缚。"

这两封信的刊载，最终让《朝日新闻》收到1196封读者来信，其中有共鸣，也有批评和建议。由此也可以看出母女关系主题的普遍性。

临床心理学者高石浩一引用梅兰妮·克莱因[1]的"投射性认同"概念来解释这种母女关系：母亲试图将自己身上作为女儿的部分和作为母亲的部分，转移到现实中的母女关系里，以期获得满足。在此过程中，母亲通过展示自己的脆弱来束缚女儿。其结果就是，女儿对母亲产生愧疚，从而被母亲束缚，难以独立自主生活。

那么为什么这种现象只出现在母女关系中呢？高石认为，在当代社会里，女性除了充当母亲之外，其他选项太少了，这意味着如果否定"母亲"这一角色，女性很可能就会失去自我认同。现在正处于女性生活方式多样化的过渡时期，母女之间的矛盾也因此而显现。

---

1 梅兰妮·克莱因（Melanie Klein，1882—1960），奥地利精神分析学家，儿童精神分析研究的先驱。她认为儿童天生就具有破坏性本能，即攻击性。

另一方面，女性生命周期研究所的研究员村本邦子指出，问题的根源在于社会对母亲的压迫。因为花费在育儿上的时间不断增加，被压抑的母亲将无法实现的欲望寄托到了孩子身上。尤其是母亲不希望女儿重蹈自己的覆辙，这种心态往往导致母亲抢在女儿做出实际行为之前进行过度干涉。村本指出，如果社会将育儿行为视为父亲的责任，那么同样的现象也可能出现在父子关系里。

　　以上分析都指出，一个兼具女性和母亲身份的人在现代社会中的艰难处境是母女不和的原因之一，对此我没有特别的异议。那么，按照村本的观点，如果在育儿中父亲和母亲角色对调，母女不和的问题就会消失吗？或者更优良的解决方案是社会停止对母亲的压迫，问题就能化解吗？

　　我认为不会。也许这只是我的直觉，母女问题恰恰是在女性受到的压迫减轻之后才变得更为显而易见的。前面例举的东京大学学生的来信就具有象征意义。她经历了这么深刻的母女不和，依然把希望寄托在婚姻上。另外那名三十四岁的女性也宣告自己一定会成为母亲。

　　如今，距离那次书信连载已经过去了许多年，社会焦点集中到了选择不结婚的"败犬"[1]女性身上。"女性即母亲"的压迫性结构发生着前所未有的松动。那么，母女关系的问题是否就此解决了呢？我认为没有。母亲和女儿的战争还在继续。

这个问题或许与女性主义的议题密切相关，不过母女关系的问题非常复杂且间接。至少可以明确地说，母女关系的问题并不像有些学者认为的那样，单纯是结构性压迫导致的。

也许恰恰是压迫较之从前正在减轻，更多女性主动选择成为母亲。因为只要女性还没有放弃"女性"这个性别，那么让所有女性都放弃成为母亲恐怕是不可能的。现在非婚化的趋势在迅速扩展，但我们依然经常能听到"我不想结婚但想要个孩子"的说法。

如前所述，与父亲这种简单的存在相比，母亲包含着更复杂的谜团和暗角。从精神分析的角度看，母亲的乳房甚至可以说是一切欲望的起源。由此，母亲的角色、母亲的立场，对个体与社会都具有甚

---

1 2003 年，日本作家酒井顺子（1966— ）的《败犬的远吠》成为现象级畅销书，书中主张"我们即使到了这个年龄，也不嫁人，不生子，我是败犬我光荣"。"败犬"一时间成了大龄不婚女性的代称。

至可称之为特权的影响力。

"女性"和"母亲"所承受的压迫减轻，意味着"成为母亲"这件事，从社会层面的获益角度上看，未必一定就是吃亏的。如果一个女性成为母亲而无须必经母职惩罚，那么越来越多的女性主动进入"母亲"这个拥有特权的位置，便不是什么无法理解的事。

母女关系的难点也是因为随着压迫的减轻，母亲和女儿各自的内在自我得以萌发苏醒。如果社会对母亲和女儿的社会身份都有严格的规定，要求她们恪守行为规范，那么这种自我之间的冲突本身就是被压制的。

母女关系的问题并非过去不存在，只是被掩盖了而已。随着现代化进程的推进，对女性的压迫有所松动，原本潜藏的矛盾变得更清晰可见。这种从"被掩盖"到"变清晰"的变化，不仅呈现在母女关系上，在医患对立，学校和"蛮横不讲理的家长"对立等冲突里，我们都可以看到。所以，我在这本书中先提出一个有待证实的假说——在现代社会中，传统压迫愈有减轻的趋势，母女之间的冲突反而愈加凸显和成为问题。

"从未得到过母亲的爱"

杂志《妇人公论》经常刊载此类母女关系的手记。其中最常见的是讲述母女之间亲密和互相尊重的文章，内容中规中矩。但在 2002 年 2 月 7 日号中，许多名人以女儿的身份，坦率地公开讲述自己与母亲的关系，让人真切地感受到母女关系的复杂性。

在此选几篇尤其让我产生强烈兴趣的手记。

记录者之一的藤原咲子，是作家新田次郎[1]和作家藤原谛的女儿。或许更为人所知的是，她是畅销书《国家的品格》作者藤原正彦的妹妹。她笔下的母女关系极其严峻，甚至到了攸关生死的程度。

她的母亲藤原谛，以日本战败后作为侨俘被遣返的亲身经历为素材，在 1949 年出版了畅销书《流星还活着》。因为这本书，身为女儿的藤原咲子曾有过自杀未遂的经历。

咲子自幼就生活在母亲那些书迷的好奇目光下，这让她很痛苦，一直坚决不读母亲写的这本书，直到考初中之前，才第一次拿起此书，一口气读完。

1　新田次郎（1912—1980），日本著名历史小说家、气象学家，本名藤原宽人。其小说《强力传》获第 34 届直木文学奖。

从小到大，母亲总是对她说"小咲那会儿快死了，是妈妈守护了你呀"，书中的内容对她来说过于残酷，她和母亲有过这样一段对话：

"我没那么聪明，又是坏孩子，当时你把我扔到朝鲜的山里不就好了吗。而且妈妈你根本没有拼命守护我这个婴儿，是我自己没有死掉好不好。你做的只是拉开背包拉链，发现里面的我还活着。仅此而已呀。"

"啊，你在说什么？"

"你在《流星还活着》里就是这么写的呀。你还写道，只要能让哥哥们活下去，牺牲掉我的命也在所不惜。'只要两个孩子能活下来就好了'是什么意思？'咲子还没死'的'还没死'是什么意思？"

当时刚上小学六年级的咲子吞下大量感冒药，企图自杀。对她来说，母亲不期待她活着，母亲不爱她，这种想法给她带来了难以想象的绝望。母女关系催生出的地狱之门，由此打开。

如果咲子是"儿子"，儿子轻易地抛弃母亲，事情可能简单得多，绝望的同时关系也会终结，咲子却没能这样做。那之后她再也没有碰过母亲写的那本书，但她说，如果再次发生战争，她会背起母亲逃走。为什么？这里有一个有意思的关系结构。

咲子的父母相互约定"一定要活着回到日本"，母亲坚守的是这份约定。同时咲子也在遵守她和父亲的约定——"你要好好照顾妈妈"。如果是儿子，照顾母亲意味着儿子继承了父亲的职责。但换成女儿，看起来像是和母亲竞争谁对父亲更忠诚，母女在这里成了对手关系。这或许可以视为接下来要讨论的女孩身上的俄狄浦斯情结的一种体现。另一位记录者太田治子，和上面藤原咲子的母女关系看似截然不同。

太田治子[1]是作家太宰治的非婚生女儿，与母亲之间有着深厚的信赖关系。"在我看来，母亲从不伪饰自己的内心，她大胆率直，是我向往的女性形象，同时也是我向往的男性象征。（中间省略）我一直隐约感觉，只要母亲还在世，我就结不了婚。只要她还活着，我就会为自己和男性产生亲密关系而感到极度羞耻。这种感受有些困扰我。也许正是因为我和母亲关系过分密切，影响了我的恋爱和结婚。"

1　太田治子（1947— ），日本作家。太宰治投水自尽时，她只有七个月大。

虽然太田这样描述母亲，她在恋爱和婚姻问题上依然毫无抵触地接受了母亲的意见。当她差点儿和一个婚内人士恋爱时，母亲劝诫她"不要再见面了"；她去相亲，母亲给她泼冷水，评论对方"眼神并不真心爱你"，中止了这次相亲。太田逐渐意识到这些都是母亲在控制她、支配她，即便在母亲去世之后，她仍然无法摆脱母亲的影响。

母亲去世时，太田三十五岁，她说直到那时，她才第一次感到"自己一个人"，"那时我感觉自己的身心死去了一半，从今往后，是剩下的半个在活"。她这种情况更像是融合感过分强烈而引发的反应。母亲晚年时，她时常为母亲的嘴碎唠叨而苦恼，有过希望母亲赶紧死的念头，但就连这念头也被母亲看穿。母亲始终强她一筹，她除了佩服，做不了别的。

爱慕生母之外的其他女性

纪实文学作家山崎朋子[1]的手记也别具一格，标

---

[1] 山崎朋子（1932—2018），日本作家、女性史研究者，电影《望乡》的原著作者。八岁时，身为海军中佐的父亲因潜水舰沉没而丧生。

题是《不生育也可以成为母亲》。

山崎说，她不记得生母疼爱过她。生母只疼爱和她相差一岁的妹妹，她在母亲眼里始终是个"碍事的"。她也想过是不是自己想得太多，误解了母亲，但在采访过当时的熟人后发现这就是事实。山崎从小性格倔强，想象力丰富，也许母亲认为她是个不好懂的孩子，于是冷待了她。

对山崎来说，与丈夫结婚后认识的婆婆，让她感受到了远胜生母的和睦舒适。此外，她在写代表作《山打根八号娼馆》（即《望乡》原著）时采访过的"唐行小姐"[1]阿崎，也被她视为自己真正的母亲。

> 我们总是睡在一起。有天晚上，我醒来时发现阿崎不在，就出门看了看。阿崎婆婆正双手合一虔诚地拜着什么。我心想她在拜什么呢，走近了听到声音，"大士啊，海神啊，山神啊……"她念着各路神明的名字，"今天朋子来了，真是好日子，感谢神灵保佑。一愿朋子一生健康，再愿朋子发财，三愿朋子能遇到好人。"接着她深深鞠躬，才回到屋里。我很震惊，

---

1 在东南亚谋生的日本劳工。

追上去问："妈妈你每天都这么祈祷吗？""是啊，刮风下雨也没有一天间断过。"（中略）我真的很幸福，能这样无条件地被信赖、被爱。我想这才是真正的母亲的爱。

这样的体验让山崎最终认为，"即使不经历生育，人也可以成为母亲"。

山崎的故事让我想起我认识的一名女医生。她曾与生母不和，会把生命中不同阶段遇到的女性视为那段时间的"代母"。当实习医生时期的"代母"，是她所在的医院的护士；进入育儿时期后则是附近的中年邻居。她最重要的"母亲"甚至不是日本人，成为医生后她很快去了德国留学，在弗莱堡寄宿期间，德国房东老夫妇待她如亲生女儿，她也视他们为父母。现在她每隔几年都会回德国看望他们，说是"回娘家"。

确实，血缘关系并不能无条件地保证母爱。或许母爱是我们在人生旅途中应该去主动寻觅的一种情感。

那么，这种母女关系是日本独有的吗？前面提到的村本邦子认为，这种母女关系是压抑女性和母职的社会所特有的现象。我提出了相反的假设，认为反而是在压抑较轻的国家，母女关系的矛盾更容易被看见。现在日本关于母女关系的书籍中，多为外国作品引入后的日译版本，里面讲述的"问题"与日本的并无二致。

分析性的内容留到后面讨论。先来介绍一本卡罗尔·萨利纳（Carol Saline）和莎朗·J. 沃尔穆特（Sharon J. Wohlmuth）编写的附有照片的访谈集《母与女》（*Mothers & Daughters*）。书中收录了 29 对母女的真实对话，其中包括超级名模辛迪·克劳馥和演员杰米·李·柯蒂斯等名人。日语译者池田真纪子在译后记中说，书中展示了各种各样的母女关系组合，被当作理想女性形象的母亲、被当作反面教材的母亲、将自己的梦想寄托在女儿身上的母亲、支配女儿的母亲……我们从中选取三组，来看看她们各自不同的问题。

第一例是以漫画《凯茜》（*Cathy*）而闻名的作家凯茜·吉兹威特[1]和她的母亲安。安总是替女儿感

1　凯茜·吉兹威特（Cathy Guisewite，1950— ），美国漫画家，"凯茜"漫画的创作者。当漫画页面上几乎没有女性声音时，该连环画成为女性与不断变化的世界搏斗的见证。这系列连环画为她赢得了国家漫画家协会鲁本奖。

到焦虑，虽然凯茜作为漫画家很成功，但她不愿意结婚。凯茜时常把母亲盼她早日结婚的想法当作素材画进漫画里。但在现实中，母亲其实很少说结婚或孙辈的话题，她只是从凯茜还是婴儿的时候，就开始一点一点攒给女儿结婚用的银餐具。凯茜三十五岁时，嫁妆虽凑齐了，但安也只能放弃梦想。

安总是用陈词滥调式的赞扬夸奖女儿，女儿凯茜则冷静地分析她们的关系："这是一种充满了真实的奉献、关怀、烦躁、友谊、真爱、渴望自立、渴望得到对方的疼惜等感情错综纠结在一起的关系。（中略）固执己见，一意孤行，好战，火药一样一点就着，即使不想生气也忍不住，单单为了对抗而对抗，对抗本身成了乐趣。"

母亲安还是一名出色的人生顾问。凯茜之所以能成为漫画家，原本得益于母亲去图书馆查找了漫画的投稿方式和出版社。仅做这些安还不满足，她不断给女儿寄各种瑜伽课程录像带、健康书籍、安·兰德[1]的人生指南，等等，当然还附带自己写给女儿的信。曾做过作家梦的母亲，把自己的梦想寄

---

1 安·兰德（Ayn Rand，1905—1982），俄裔美国哲学家、小说家，代表作有《源泉》《阿特拉斯耸耸肩》等。

托到了女儿的成功上。

然而，凯茜对母亲的完美人生顾问姿态感到烦躁，她感觉自己无论做什么，都要先寻求母亲的同意，她为这样的自己而焦躁不安。母亲的每个建议最终又被证实是正确的，这让女儿更生气。

凯茜四十一岁时终于下定决心，收养了一个女孩。她解释说，想站到母亲的位置来重新体验母女关系。这个决断，可谓完美地象征了这段复杂纠葛的母女感情。

并非所有母女都能像凯茜和安那样适度地关爱对方。在某些母女关系中，"关爱"本身就是束缚对方的手段。杰奎琳·纳里（Jacqueline Nary）和她母亲路易斯·纳里就是例子。

对母亲路易斯来说，女儿是她人生的全部。即便她心知女儿怨恨她的过度关爱，但还是无法停止事无巨细地为女儿付出。

路易斯自幼在虐待中长大，未能得到爱，不懂得如何"适度"地去爱女儿。她试图将自己缺失的一切都给予女儿：钢琴课、舞蹈课、滑冰、教会学校，等等。女儿成年之后她的态度也没有变。在女儿看来，母亲的这种做法，相当于全盘控制了她的人生。

"我恨死了母亲。她从来不能接纳真实的我，总把她心目中理想的阶级形象，一个更宽容、更平凡的形象叠加到我身上。现实中的我并不需要她的保护，但她理解不了。我只能穿上一件带着特氟龙不粘涂层的防护服，让她无法黏糊糊地贴住我。"女儿只称呼母亲为"路易斯"，这也是她的一层防护服。

这对母女的对话很直率。比如女儿对母亲说："从过去到现在，你从来不肯放开我。你没有想过要去过你自己的人生，一直活在别人强加给你的生活里。你难道不知道吗？我和你不一样，我在努力用自己的方式活着，我们截然不同，拥有完全不同的目标。"母亲路易斯只回答道："可是，我爱你啊，你就是我的一切。"

就这样，爱本身也会呈现出争斗之相。关心与爱的相争难分胜负，无休无止，只有死亡和别离才能带来终结。所以，母女之间的角斗只会无尽地延续下去。

在下面这对母女之间，爱与恨的双面缠绕到了极致。米歇尔·弗里曼（Micheal Fryman）和母亲珍妮特·豪肯（Janet Hauken），她们深深地伤害着对方，同时也像胶带一样紧紧贴在一起，无法分开。

米歇尔深深记得自己进入青春期时，母亲是如何伤害了她。比如她们一起去酒吧，母亲珍妮特会和与女儿同龄的男孩跳舞，米歇尔认为这是母亲有意在她面前炫耀自己的魅力。自那以后，米歇尔便不再和母亲一起外出。但同时，米歇尔也为母亲感到骄傲，想珍重母亲。

珍妮特对女儿的感情里也有种难以自抑的矛盾。"她深深伤害了我，就像我狠狠伤害她一样。米歇尔侮辱我，让我感到屈辱，她扔下一颗颗炸弹，迅速逃出房间，装作什么都没发生过。她从来不愿意和我正面交锋，而我也不知道怎么改变这种局面。"她们总是相互指责，认为真正需要对方的时候，对方总是缺席。

米歇尔承认，她们的矛盾来源于彼此过度相似。"我跟妈妈一模一样，这让我害怕得要命。因为实在太像了。体形一样，说话方式一样，声音、长相、头发颜色都一样。"然后她问道，"如果我和妈妈一模一样，我该如何成为我自己？"

这样看下来，母女问题跨越了文化障碍，是普遍存在的，究问地域性原因没什么意义。不过，简单比较来看，国外的事例能更清晰地看到母女问题的结构。尤其明显的一点是母女间心理距离过近。像上面山崎朋子的事例，当她能与生母保持距离后，便可以在血缘关系之外寻求母爱。而大多数问题的起因，在于女儿成年之后，母女之间依然密不可分，或依然保持着类似的近距离。

那么，近距离带来了什么问题？模式可谓多种多样。虐待关系、互相伤害的关系、过度干涉的关系、一体化母女关系等。有人对以上种种关系做了详细分类，我不打算这么做。我认为关系的呈现方式虽丰富多样，其本质却相对简单。

所有模式都有一个共通点，归根结底，就是母亲对女儿的支配。

虐待关系和密不可分的母女一体化关系，表面上看差异极大，但关键在于无论哪种方式，都是母亲的主动性和女儿的被动性的组合。如何区分谁主动、谁被动，不是看具体的行为模式，而是看"谁在事情里占据上风"。

以漫画家凯茜为例，母亲一方看上去处于下风，显得更克制，小心翼翼地不去干涉女儿的人生。尽管如此，凯茜还是指责母亲给她的建议和判断过于明确。即使母亲没有表现出露骨的支配意图，女儿也敏锐地察觉到了，在懊恼的同时，不得不顺从。

综上所述，母女关系具有多样性，得看采用哪种支配方式，以及支配意图是否露骨。后面我们将看到的女性茧居者的事例，表面上看似乎是女儿在虐待或支配母亲，但这些也不是例外。如果母亲没有"允许"女儿的"虐待"行为，并支撑女儿的茧居生活，女儿的行为则无法成立。在母女关系中，最初产生支配欲望的，总是母亲。支配的欲望引发了各种问题。

二 关系过分密切的母亲和女儿

母亲是"真凶"吗？

我开始写这本书后不久，在某次讲座上，一名茧居女性提问，她在为母女不和而苦恼，我写的书里有没有这方面的内容。

在不和外界发生接触、长期居家的茧居者心里，往往积蓄着和家人之间的矛盾压力。大多数情况是家人不欢迎他们茧居，于是形成与家人之间的对立。可以说，茧居者基本上都会因为家庭关系而苦恼，不过能提出这类问题的几乎都是女性，尽管茧居者中绝大多数是男性，是家庭中的儿子。所以这种现象更显奇妙。

在本小节里，我想从临床经验出发，探讨母女关系的复杂性。

临床医生谈到母女关系时，通常会把母亲当作"起因"和"犯人"。虽然情况现在已经有所改善，但过去曾有一段时间，各种精神障碍病状都被归因于母亲育儿方式的理论颇为流行。比如"母源病"、"坏母亲理论"、"三岁定终身理论"（幼儿期母亲若是不专注于育儿，将负面影响孩子的一生），等等。甚至有一个时期，连已经确认为大脑疾患的自闭症都被归咎于母亲的养育方式。

我本人不关心，也不太信任以上假设。家庭关系是一种拓扑关系[1]，其成员不一定非得是生物学意义上的家人，这是我的基本观点。如果只靠责备父母就能解决问题，那临床工作会轻松很多。但轻松并不能带来收获。

即使母亲的育儿方式即病因的说法是正确的，本书也不做详细探讨。不过，通过各种临床病理能够清楚地看到潜藏在母女关系中的问题结构，所以本书不可避免地要涉及病理。接下来，我会不时提

1　指满足拓扑几何学原理的各空间数据间的相互关系。即用结点、弧段和多边形所表示的实体之间的邻接、关联、包含和连通关系。

及一些实例。在此提前说明，实例的一部分来自我的临床经验，一部分引自论文。为了保护隐私，会对细节问题做模糊化处理。

关于母女关系的复杂性，我常想起这个事例。

这是一个长期咨询案例，一名母亲前来咨询女儿拒绝上学的事。她的存在感极其强烈，给我留下深刻印象——女儿已经成年，年过二十岁依旧处于母亲的支配之下，似乎理所当然地接受了母亲的控制。这种情况只要不引发问题，也可视为一种生活方式。不过，最初的问题从女儿拒绝去学校、居家不出开始，毕业后又转变为无法适度地与异性交往。导致这种状况的原因，基本上是女儿对外貌的自卑感，以及在建立异性关系时的罪恶感。这几乎都源于母亲的强大影响。陪同女儿前来的母亲紧追不舍地问："我该怎么办？"通常我很注意避免对就诊者和家长做出过分肯定的结论，不过这一次我忍不住脱口而出："首先，您可以停止控制您女儿的生活，不妨试一下。"

听到这一指摘，这名母亲异常愤怒，仿佛受到了无端的诽谤中伤，她以要诉诸法庭的架势痛骂了我一番。我不是冲动之下才说此话，而是在长期接触这对母女之后逐渐形成了看法。我试着向她这样解释，但情绪激动的母亲完全听不进去。

最终，那天发生的事终结了我们的诊疗关系。至今我依然认为，这名母亲之所以激怒，是因为我的指摘击中了她的痛点。但我也做了反省，应该在措辞和发言时机上多做细致考量。

回想起来，这名母亲经常不预约就堂而皇之地前来就诊，已经过了规定的咨询时间依旧强行延时，炫耀亲属是公司高管，流露特权意识。这些都让我很难处理医患关系。她的强烈个性里似乎浓缩了"坏母亲"的典型特质，可能正是这些刺激了我，让我冲动之下起了反感。对此类母亲形象的过度抵触是我作为诊疗者的一个弱点。我与我母亲关系并不糟糕，这种情绪源于何处，我也说不清楚。

通过这个事例，我意识到母亲的支配力量可以多么强大。如果说这段经历促使我写了这本书，那我应该感谢这名母亲。

说到临床常见的母女关系引发的问题，我会首先想起进食障碍。出现进食障碍的人几乎都是女性。做家庭病理研究几乎都会涉及母女关系，不过，这种病理不仅仅适用于进食障碍，更可以应用到尚未达到病态程度的母女关系上。下面的事例堪称典型，引自一本介绍家庭健康疗法的书籍。

二十三岁的女性 A 经历求职之后，出现暴食、呕吐、无月经等症状，遂去精神科就诊。A 的母亲认为女儿中了某种邪，于是加入某个宗教团体，并强迫 A 也信教。最初 A 对母亲的话半信半疑，慢慢地她也开始相信邪灵确实存在，自愿和母亲一起去参加宗教集会。她被精神科医生问到这一点后，为母亲辩护道："我这种状态让妈妈很不好过，妈妈为了让我好起来，甚至牺牲自己的工作定期参加信者集会。"另一方面，母亲则一口咬定："这孩子柔弱不能自理，真的是废物小孩，永远在等着我去为她做什么。"

就这样，A 和母亲之间保持着强有力的感情纽带，与此同时母亲无法理解女儿真正的欲求，她兀自将自己的价值观和感情强加在女儿身上。A 自幼在这样的家庭环境下长大，自身也无法感知自己的感觉、情绪和渴求，无法以一个独立个体去表达自己的想法。从某个角度看，A 的进食障碍可以视为她对母亲的抗议，只是 A 自己并未清醒地意识到这是一种抗议。她和母亲过分紧密的相互依存状态，以及母亲的支配性的权力让她恐惧，导致她自行关闭了反抗的思考回路。

B的例子在过度依赖的倾向上与A迥异。

二十岁的女性B，因显著减轻的体重和无月经去精神科就诊。她已是成年人，却对母亲保持着幼儿型的依赖关系，两人形影不离，没有任何隐瞒。母亲也积极地照看她，父亲则退后一步，持观望守护的态度。父母之间的对话基本上谈的都是女儿B，从来不提及彼此的不满。B和母亲形成了一种过度密切的关系，她从未和比她大六岁的姐姐一起玩耍过，也从未有真正的交友关系。

在我的印象中，比起进食障碍，B的问题类型更多见于茧居者。B和母亲的关系堪称一种典型的母女关系模式。

接下来的C，在进食障碍之上，还有边缘型人格障碍。

二十二岁的女性C和母亲是二人家庭。C和母亲紧密地互相依赖，同时又对这种状态焦躁不满。C总说："我想和朋友出去旅行，妈妈就会很生气，说我丢下她一人，她不知道该怎么办。妈妈怕寂寞，离不开我，我懂她，所以我没法出去旅行。"

同一件事从母亲的口中说出则是："C 是个娇气孩子，我拿她没办法。她怕寂寞，离不开我，所以我连旅行都去不了。"

出现这种情况，可以认为问题出在两人之间的过度依赖上。

《金色牢笼》——迎合母亲期待的女儿

当然，进食障碍的原因不仅限于母女关系，最近有研究认为背后还有生理学因素。不过本书的观点是进食障碍属于心理问题，而非大脑病变。众所周知，进食障碍与减肥、追求极致瘦等现代风潮密切相关，如果病因真的在大脑，那么进食障碍应该是不分时代和地域、更具普遍性的疾患。

从各种文献来看，进食障碍的家庭病理中包含了许多与母女关系相通的要素。

比如研究进食障碍的权威专家、著名的精神科医生希尔德·布鲁赫（Hilde Bruch）在著书《金色牢笼：厌食症的心理成因与治疗》（*The Golden Cage: The Enigma of Anorexia Nervosa*）中提出以下观点：

从数据上看，进食障碍者的家庭中，所谓的衰败家庭并不多见，大多是中流阶层以上，父母对孩子充满关爱，表面上看不到显著的"病理"。往往在看似和平的家庭关系下，潜藏着强烈的紧张。母亲经常以自我为中心和孩子相处，背离孩子的需求；孩子常常感到自己被母亲过度控制。换句话说，一个家庭尽管在外人看来幸福美满，孩子却感到母亲的期望和束缚剥夺了自己的自由。《金色牢笼》的标题暗示了这些孩子身处优越家庭环境下却被禁锢的矛盾状态。

布鲁赫的书里有一个颇有意思的点，是由一名克服了进食障碍的前患者提出的，她认为，这个牢笼也许是由她自身打造而成的。孩子在和家人，尤其是和母亲的相处中，有时会逐渐形成一套固定的行为模式，在该模式下，孩子常常主动抑制自己的欲求，去迎合父母的期待，而这一切仅仅是为了让父母满意。

布鲁赫的书现在依然拥有读者，不过书中介绍的进食障碍的典型事例，现在似乎有所减少。重新阅读这本书，会发现其中描述的病理正以另一种普遍性的方式存在。布鲁赫指出，不仅是母亲在控制女儿，有时女儿一方即使内心充满纠葛，也甘愿被母亲控制。这一点十分契合现代的母女关系。如此看来，"金色牢笼"可谓无处不在。

布鲁赫还指出了一个重要问题——"代名词的混乱"。

在进食障碍的家庭中，家庭成员各自以自我为中心，同时彼此关系紧密，有共享想法和情绪的倾向。问题在于，A 方表现得好像完全理解了 B 方的想法，哪怕 B 方表示"你根本就不理解我"，A 依然试图将自己的推测或想法强加给 B，这就是"代名词的混乱"。这种倾向不仅限于进食障碍的家庭。在错综复杂的母女关系中，常常可以看到"我女儿就是这样""我妈就是这种人"等自以为是的错误理解。

这里涉及的是"投射性认同"的心理机制，即将自己的情感误以为是对方的情感。例如，本来是自己因为对方感到愤怒，有时候却感觉到对方在对自己生气。投射性认同不仅带来这类错觉，还会将错觉再次强加给对方，从而影响对方的行为和情绪。例如，如果对方和你说话时，不断重复"你生气了"，虽然这是他强加给你的误解，但有时你真的会发火。

也许最初占领支配位置的人是母亲，但在这种不断互相强加误解和感情的过程中，母女关系也会逐渐变得异常纠结。也许有人会产生疑问："这种关系不仅限于母女吧？母子、父女之间难道没有吗？"当然不能完全排除这种可能性，只是在母女关系以外非常少见。

在情感层面上，同性之间更容易达成深层共鸣和认同。这里深深涉及身体性，第四章将做详细解释。不过虽说是同性关系，父子的组合通常要简单得多。一般来说，父子关系容易演变成简单的对立关系或权力争斗，父亲试图压制儿子，儿子要么反抗，要么勉强服从。母女之间的权力争斗中包含了通过共情和关怀而进行的支配控制，复杂多层，远超父子关系。母亲以"为你好"为堂皇名义，实际上试图将自己的欲求和理想强加给女儿。女儿则似乎预先感知到了母亲的欲望，表面上抵抗，终究难以违背母亲的支配。这种关系构架，有时是双方有意而为之，有时是无意识中构成的。通过深层的理解和共鸣进而相互依赖、相互束缚的关系，在很大程度上可以说，只存在于母女之间。

茧居者中的性别差异

这里又要加入一种社会性因素。

茧居者的性别差异常被看作问题的一个焦点。大家都知道，茧居者中男性占了大多数。具体数据因统计方法而异，总体来说茧居者的七成到八成是男性。

至于为什么会发生这种性别差异，当然需要考虑生物学因素，可是说实话，我自己根本不相信有什么生物学因素。开篇时我已讲过，在本书中，我将"性别（sex）问题"理解为"社会性别（gender）问题"。也就是说，在讨论与性别相关的现象时，我优先考虑社会和心理因素。因此，思考茧居问题，等于思考日本社会中由"社会性别"引发的种种问题。接下来我要谈到一个重要话题，看似偏离母女关系主题，不过最终会与主题相关，敬请忍耐片刻。

为什么茧居者中大多数是男性？

最简单的解释，可以归因于依然根深蒂固的男权中心社会结构。虽然现在盛行"女性变强势了""女人比男人有活力"的言论，但男权中心的结构依然稳固。在当下的日本，性别之间的权利差异已经微乎其微，当女性要实现某些愿望，或做出某种行动时，至少在规章制度的层面，几乎与男性不存在明显差异；但与此同时，现实中社会性别的差异却显而易见，实际举例的话，我们在日常生活中各种不言而喻的偏见、歧视或暴力上，都能看到差异。

这还不是全部。性别差异最大的发生源头，毫无疑问是社会习气、社会通用规则、价值观念、大众视线等一系列"世俗"产物。所谓世俗，是通过预期价值形成的价值判断体系，是一套特殊烦冗的规范。换句话说，这套极其特殊的判断系统唯一的基准就是"别人怎么看我，我在他们眼光里处于什么位置"。

就我所知，世俗体系效力最强的国家正是日本和韩国。日韩的共同点在于都是儒家文化圈中最为成功地实现了现代化的国家。在儒教国家，家族主义的影响极为强大。

儒家文化作为一套价值体系，重视共同体存续的可能性，其保守性自有优点，不容易产生原教旨主义的极端暴走，这不在本书的讨论范围内，不赘述。但是，儒家文化根基里的家族主义（"孝"的概念等）具有明确的男尊女卑的一面。

这套价值体系与"世俗"在深层紧密相连，故而"世俗"会极力贬低或羞辱那些背离家族主义的人。非婚的成年女性被称为"败犬"（失败者）并遭受冷遇，原因就在于此。

问题不在于"女性自立"不被接受，而是"女性不进入家庭"不被接受。普通女性若想以"自立女性"的形象被"世俗"接受，就必须取得超越平均值的社会性成功，同时在家庭内部担任贤妻良母，做一个非凡超人。

像这样，这套"世俗"的价值规范，在制度层面是透明不可见的，于是更加隐秘地渗透在现实生活中，某种程度上成了不言自明的理念，出现在各种场合，发挥着超乎人们想象的强大抑制力。

现在虽然比过去有所好转，但男性依然要比女性承受更大的"必须取得社会性成功"的压力。男性在学校要取得好成绩，考上好大学，找到好工作，他们从儿童时代起就被置于这类期望之下，由此不容分说地加剧了男女的社会行为差异。最终，男性越来越执着于自身所处的地位和身份。他们始终在接受一种"教育"——男人的自我认同在很大程度上要通过"广义的社会地位"来得到保证。所谓"广义的社会地位",不仅包括家世、学历、工作经历、职场地位等传统意义上的身份,还涵盖个人兴趣爱好,甚至在兴趣圈中所处的地位。换句话说,如果男性无法确保这些"地位",便会陷入男性的最大危机——无法立身、人微言轻。

另一方面,女性所承受的社会性期待的压力没有男性那么沉重。这种情况至今存在,甚至令人感到不可思议。这种"性差"最显著的体现之一,就是高考失败后的复读生会被称作"浪人",而屡考屡败、持续多年复读的人则被称为"多浪",这基本上是男性独有的现象。

当然,女性的复读次数并没有受到限制。虽不受限制,女性几乎不会连续多年复读。并非受制于什么不合理的制度,显然其中反映出的是"世俗"的价值观。

男性追求立身,女性重视关系

男性受到"世俗"的重压去追求社会性的地位,理所当然会非常看重学历。男性只要最终考上好大学，无论复读几年，几乎无人侧目。活在这种价值观下，他们只要考上好大学，就算走几年弯路，或经历一段缓冲期，都很容易被接受。

相反，对于女性而言，与其复读多年考上好大学，人们更期待女性不走弯路，随便考一所符合自身实力的学校，毕业后立刻工作，最终结婚，进入家庭。如果女性也被允许拥有缓冲期，基本上是等先毕了业再说。

日本男性的缓冲期是以就业为前提，在最终学历毕业之前被获准，女性则是以结婚为前提，在毕业后被获准。而在缓冲期中，男性选择留级和复读，女性相对应的则是被要求"婚前学习"和"不求职、在家帮忙做家务"。

而现在大多数茧居者面临的问题，则是就业困境。这些成年男女不再隶属于学校，经济上依赖父母，几乎足不出户。我们上面说了那么多，几乎可以马上看出"世俗"会更加非难哪一方，是茧居男性还是茧居女性。没错，不就业而依赖父母生活的男性遭遇的白眼明显更多。

即使没有职业、没有归属，但有未来的婚姻做担保，女性可以回避掉强烈的批评。实际上，确实有女性因为有了恋人或者进入婚姻，而走出茧居状态（当然我不是在说结婚等于茧居问题的解决良策）。然而，男性如果没有工作，就很难恋爱或结婚，所以只有男性茧居者身上才有"赶紧找到工作"的世俗压力。

除了这种压力，茧居者还对处于茧居状态的自己抱有羞耻感，由此产生出一种可以称为"茧居螺旋"的恶性循环：闭门不出的自己很丢人→因为羞愧不想见人→不想见人所以不想外出→抗拒出门导致茧居状态加剧。

相反，如果对自身的茧居状态不感到羞耻，恶性循环便不会发生。如果闭门不出的状态可以被改称为"不求职、在家帮忙做家务"，免受世俗批评和压力，则不易产生羞耻感，从而更容易避开恶性循环。所以我认为女性茧居者事例相对较少，与此不无关系。

另外，女性比男性更敏感于"关系性"，也是一个重要事实。如果说男性总是在寻求立身的位置，女性则更偏向寻求关系。而茧居状态会切断社会关系，因此也许可以说，与男性相比，女性对茧居有更强烈的抵触。

但我个人感觉，女性一旦陷入真正的茧居状态，会比男性更彻底。尤其是女性更容易在亲子关系中表现出"退化"，即所谓的"返幼"——倾向于追求母女密切接触的关系。

茧居容易出现的问题之一，就是亲子之间过于紧密的关系，使得当事者更难走出茧居状态。当然，这种密切关系无论是儿子还是女儿都可能产生，不过在过度紧密的具体表现上，儿子和女儿大为不同。对于儿子而言，紧密关系通常会相对简单，但简单不意味着良好或稳定。相反，常见的情况是母亲单方向控制儿子，母子关系甚至近乎上下级。

在我的个人印象里，这些把控儿子的母亲当中，有相当一部分人并不讨厌这种状态。经常能看到她们绞尽脑汁地寻找理由："孩子这么不懂事，任性，为所欲为，我为什么必须听他的话呢？"即使作为治疗师，我为她们提供了合理依据，建议她们放开儿子，保持一定距离，她们还是会用行动反驳我。在这一点上，母亲们的行为中没有矛盾，也没有挣扎和犹豫。

如果对象是女儿，事情就大不一样，此时的母女关系往往呈现出两极分化的趋势。有些如同密友，保持着良好的距离感，形成了同盟；有些则互相伤害，深陷在复杂的紧密相接的状态里，女儿的暴力行为时有发生。在我的印象中，无论是哪种情况，母女之间的依赖程度都要远超母子关系。

以一名女性茧居者为例，她将近三十岁，还一直和母亲共同生活。母亲过于溺爱和干涉她，母女之间经常吵架。由此女儿有时会使用一些暴力。更糟糕的是，每次吵完架之后女儿都会躲进自己的卧室，闭门不出。这使得她很难顺利融入社会。治疗师多次劝母亲保持冷静，可一旦争吵发生，双方总是情绪激动，互不相让，僵持多年。治疗师想尽办法之后，只能建议女儿搬出去自己住。虽然在经济上家人会帮助她，一个人能否顺利生活还是问题，但女儿最终下定决心搬出家门，与母亲保持距离，她们的关系由此稳定下来，生活恢复了些许平静。

不仅此例，很多母女在分居之后关系才逐渐趋于稳定。

以我的临床经验看，母亲和儿子的关系中，有因不同性别带来的亲密感，同时也有因此而产生的、从始至终无法消除的距离感。然而母亲和女儿一旦进入越来越密切的关系之中，很容易走向无限的一体化。也会因为一体化而产生爱恨交织的激烈感情，将家庭化为双方的地狱。棘手的是，这种爱恨关系，是当事人无法每时每刻都能清楚意识到的。有的依赖关系在旁人看来已经到了异常程度，但当事人双方都对此毫无察觉。

家庭病理的五个特征

接下来我想再次返回到进食障碍的主题。如前所述，进食障碍的家庭病理超越了进食障碍本身，具有广泛性和普遍性。前面引用了希尔德·布鲁赫的观点，接下来探讨一下援引了系统理论的萨尔瓦多·米纽庆[1]的观点。

米纽庆提出进食障碍家庭有五个特征。大家看过便知，这些特征不仅适用于进食障碍家庭，也契合茧居家庭，甚至适合尚未发展出明确病症的家庭。

1.纠缠：家庭成员如同网格一般彼此紧密相连，

---

[1]　萨尔瓦多·米纽庆（Salvador Minuchin, 1921—2017），结构派家庭治疗开山鼻祖。他在青少年心理治疗方面进行了开创性的工作，将治疗的重点从个人症状转移到家庭关系上。

个体变化或家庭关系的变化会立即影响到整个家庭。具体来说，彼此之间距离过于接近，权力向单方向倾斜，孩子在支撑父母。这种状况下，孩子无法离开父母独立自主，无法发展自我意识，相反，孩子为了家庭会压抑自我。

2. 过度保护：如字面意思所示，家庭成员对彼此的幸福给予了过度的关注。这种关系也阻碍孩子的自立。在这种家庭关系中，孩子的自立被忽视，家长更看重的是保护和忠诚。

3. 僵化：随着孩子的成长和成年，亲子关系自然要发生变化，但是部分父母即使在孩子进入青春期甚至青年期之后，仍继续把子女当作幼童看待。例如父母出于纯粹的好意，无休止地将自己的意愿强加给孩子，长年保持着这一态度。他们固守已成习惯的沟通方式，该改变的时候也无法改变，便会引发问题。有些家庭明知这种方式有害，却无法停止对茧居的孩子做出批评或鼓励，也属于这一类型。

4. 缺乏解决冲突的能力：家庭中已经出现了冲突矛盾，家庭成员却假装看不见，仍维持着表面的和谐。相比进食障碍，这种倾向在茧居家庭中尤其常见。因为厌食症会带来生命危险，茧居却不具有这种紧急性。因此有些家庭对孩子的茧居状态视而不见，直到十几年后才终于意识到"这样下去不行"。

5. 主动进入家庭纠葛的孩子：有的父母为了缓解夫妻间的紧张关系，只拿孩子作为沟通话题。在这种情况下，孩子意识到自己的症状能够缓解家庭紧张，能以此发挥自己的作用，症状反而会进一步强化，变得牢固。很多家庭如果不是孩子茧居在家，早已走向破裂。从此类事例来看，可以说茧居在一定程度上堵住了一个家庭最难以收拾的裂隙。

以上列举的 1 至 5 项均属家庭病理，不只限于母女关系。不过大多茧居状态的女儿与母亲相处的时间远远多于父亲。这样一来，五个特征也可用于考量母女关系。

有些出现在茧居实例里的问题，原本是不具有特异性的家庭病理，但在各种社会性、结构性因素的影响下，凝聚到了母女关系当中，就变得尤为显著，原因几乎都在于母女之间的物理距离过分接近，即"同一个屋檐下"。换句话说，如果母女分开居住，这些问题基本不会出现。所以，女儿若想从母女关系的泥沼中脱身，最低条件就是从父母身边离开。实际上许多女儿也是这么做的。

关于密切关系引发的问题，下面再稍微说几句。当我们思考母女关系时，经常能看到两种极端形象：其一，极度强权的母亲，试图操纵女儿的全部人生；其二，与女儿形影不离的母亲，"孪生姐妹般的母女"。

卡罗琳·埃利亚凯夫（Caroline Eliacheff）和纳塔莉·海尼克（Nathalie Heinich）共著的《母女：一种三人关系》（*Mères-filles, une relation à trois*）中有如下多样而全面的分类：占主导位置的母亲、处于劣势的母亲、嫉妒的母亲、不公平的母亲等。看过此书后，能感到一种法国研究者特有的百科全书式的气势。不过，我认为这种分类的思路反而会让我们远离问题的本质。我更倾向于认为，无论是支配型母亲还是孪生式母女，问题的根源一致。《母女》这本书中展现的分类仅是表面的，实质上只是同一个问题的不同表现方式。而促成表面差异的原因，有可能是成长环境和家庭结构等外在因素。

当两个人的关系处于密室状态，过度接近且维持较长时期，则难免产生各种棘手问题。只要条件适合，这类问题也可能出现在夫妻关系、父女关系、父子关系里。考量母女关系时，有必要谨慎评估，这些问题究竟是母女关系所特有的，还是结构性原因必然导致的。

克莱因的客体关系理论——分裂与投射

考量过分密切的亲子关系问题时，可以参考精神分析学家梅兰妮·克莱因的理论。克莱因通过儿童精神分析创立了客体关系理论[1]一大学派，对现代精神分析学产生了巨大影响。

克莱因认为，婴幼儿的客体关系，更多的是与自身内心幻想的关系，而不是我们通常经历的人际关系。对婴儿而言，与母亲的关系不意味与母亲本人的关系，更准确的是与母亲身体的一部分——"乳房"的关系。

这时，婴儿认知中的母亲被分别认知为两种——可以让婴儿满足的好乳房，不能满足欲望、

---

[1] 客体关系理论忽视或抛弃了弗洛伊德理论中本我的作用（如性欲冲动），将与客体的关系置于人性发展的最核心位置。这里的客体（又称对象）不包括物，而是指人（通常是母亲）、人的部分（如母亲的乳房）或人的象征。

给婴儿带来挫折的坏乳房。这个时期的婴儿还不具备将母亲视为一个完整人格的能力。因此，在其认知中，母亲是分裂成多个的，好坏视情况而定。如果婴儿饥饿哭泣，母亲没有及时哺乳，婴儿会把眼前的母亲认知为坏乳房。反之，能迅速满足婴儿欲望的则是好乳房。这种认知方式极其不成熟，却会成为基本认知模式，伴随人的一生。

当坏乳房引发不安时，婴儿害怕自己将遭受迫害，由此对坏乳房产生憎恶，甚至会释放出一种撕咬吞噬的施虐欲望（即"死亡本能"）。这个过程的关键在于，婴儿会认为"坏的"对方会让自己也变坏，认为坏乳房在攻击自己，那么自己就要做出反击。在这种认知方式中，是"坏的对象"出现，才导致自己也变坏。

婴儿最初将自己的攻击本能投射到乳房上，将乳房视为"坏乳房"，接着内化这种攻击性，转化为对对方（整体）的攻击，进行回击。如果焦虑过于强烈，婴儿会自行分裂自我，以减弱破坏冲动。但这会导致自我解体，进而产生类似分裂症（精神分裂）的解体状态。

另一方面，婴儿的"生的本能"以爱慕的形式投射到好乳房上。通过获得母亲的爱寻求回应，这种爱也被婴儿内化为内在的"好的对象"。"生的本能"具有的力量，引导脆弱而不安定的婴儿的自我走向统一和完整。

当母亲亲切对待孩子时，孩子也回报以爱意。于是孩子明白了如果自己回报爱意，好乳房便会对自己更加温柔，从而形成良性循环。如此一来，好乳房逐渐被孩子内化，成为一个"好的对象"。

因为有了好的对象，婴儿逐渐推进对对象的整合和统一，这样一来，婴儿会逐渐意识到，以前分开认知的"坏的对象"和"好的对象"其实是同一个对象。为了实现这种统一，内化"好的对象"的过程不可欠缺。这是克莱因的观点。

以上是一种善恶二元论。好乳房来了，那我拿出好的我；坏乳房来了，我就拿出坏的我。克莱因将这个阶段称为"偏执－分裂心位"[1]。因为基于极端的"好－坏"判断，在婴儿认知里，对象和自身都容易分裂，婴儿有时会出现被害妄想。

另一个重要问题是"投射"机制。投射的含义

1　指包含焦虑、防御，以及内、外在客体关系等一系列心理状态的聚结。

如前所述，即将自己内心中的负面的东西，比如愤怒和攻击性，转移到对象身上，认定这些负面的东西属于对方。

理论中的好乳房和坏乳房，其区别未必有现实依据。反过来可以说，这里的"好－坏"判断，或许只是婴儿将自己内部的"好－坏"投射到了母亲身上而已。

看到这里，大家也许已经明白，分裂和投射会互相强化，形成循环关系。这种最原初的对象关系——"向坏对象展现坏的自我，向好对象展现好的自我"，成为一种态度，在成年人身上或多或少有所残留。即使是成年人，在特定情况下呈现出"返幼"状态时，往往也会陷入类似"偏执－分裂心位"的态度里。

那么，"返幼"现象都发生在何种状况下呢？

在过度密切的亲子关系中最为常见，密切程度最高的母女关系尤为典型。母女关系的复杂性，很大程度上可以通过"分裂"和"投射"的机制来解释。

例如，在控制欲强的母亲和反抗的女儿的关系中，女儿会根据"分裂"机制，以"坏的自我"回应"坏的对象"。但是这里的"坏"，往往是投射得出的结果，与母亲是否真的想控制女儿无关。相反，可能是女儿将自身的"控制"的情感投射到了母亲身上，使得母亲"不得不去控制"，两人的关系从而变得复杂纠结。

或者，如果双方都努力扮演"好的对象"，那么就容易形成一种外人眼中"你们是孪生姐妹吗"式的亲密母女关系。亲密不见得不会产生矛盾，这种孪生式的关系如果持续太久，也许母亲会产生一种"若孩子想离开我独立，那么我就撤回我的爱"的控制欲。女儿可能会感觉"只有一直顺从母亲，母亲才会爱我"，从而生出不自由的束缚感。

这两种极端化的关系，很难进展到恰到好处的程度从而变得稳定，因为当关系中的人在面对"我该不该去爱"的问题时，往往会做出幼稚的"全或无定律"（All-or-None Law）式的思考。简单概括，要么"拒绝母亲的爱，母亲会因此离开我吧"，要么"接受母亲的爱，我会（被母亲吞掉）消失吧"，复杂的情感变成了简单的二选一，除此之外做不出其他判断。难点在于这种二元判断有时是错觉，有时则可能真实发生。大家看到这里想必已经明白，这种处境下的当事人无论怎么选择，内心都无法安稳，始终在两个极端之间反复摇摆。

由此，我们可以以"母子过度密切"为地基，向上添加"偏执－分裂心位"和"投射性认同"，从而描绘出亲子关系中"从敌对到亲密"等不同状态的层次渐变。

另外，母女之外的其他各种关系，也会加剧母女关系的复杂化。

如果母亲在婆媳关系或夫妻关系中淤积大量不满，往往会把孩子，尤其是女儿，当作倾诉对象。这种时候的母亲不仅是在发泄不满，还会寻找女儿身上酷似丈夫或婆婆的地方，加以苛责非难。这就是一种"投射"。这种状况下，女儿既是救援母亲的人，被迫承担起保护者的部分责任，又是母亲的攻击对象，由此女儿一边困惑、不知所措，一边与母亲的距离越来越近，变得难以脱身。

综上所述，过度密切的母女关系随着时间的推移，有可能发展成厌恶、反抗、支配、亲密等多种多样的形式。有时甚至会导致病理性表现，比如进食障碍和茧居。虽然有许多外在因素在起作用，但从内在因素来看，各种投射和分裂机制无疑起到了关键作用。

第二章

来自母亲的咒缚

母女关系往往爱恨交织，
也正因为这种双重性，
母女更加难以分离。

女儿否定母亲，就等于否定自身。

一 无意识的支配机制

第一章简单概述了母亲与孩子过度密切容易引发哪些问题。关于密切关系，以及母亲无意识束缚的形成机制，接下来将做理论性的探讨。

首先援引精神科医生斋藤学[1]的理论。斋藤所著的《内在母亲的支配》虽然不是一本专门讨论母女关系的书，但其中介绍的事例和书信大多出自女性之手，对于考量母女关系富有启发意义。

斋藤在书中如此描述"内化了的母亲"：

> 内在母亲与现实母亲稍有不同，可以称之

1　斋藤学（1941— ），日本精神科医生，也被称为（日本）家庭问题研究第一人。

为"世俗眼光"之差异。很多时候,父母在教育孩子之前,已经屈膝拜服在了"世俗眼光"前(中略),孩子也领会父母的意图,逐渐将"世俗眼光"的观念内化,将父母的恐惧或担忧内化为自己的恐惧或担忧。

于是孩子和父母一样,屈膝拜服在"世俗眼光"面前。对他们来说,"世俗眼光"如同教祖。父母以"教育孩子"的名义支配孩子,意在让孩子遵从教祖。

我称之为"父母教"。

斋藤所说的"父母教",也正是导致"成年儿童"的元凶,书中对此作了批判。斋藤列举了许多"父母教"的危害,本书不再赘述。

我认为"成年儿童"[1]这个概念的贡献在于,它揭示了一些孩子因为从父母那里只能得到"有条件的爱",故而表现得像一个好孩子。即使亲子之间

---

1 "成年儿童"(Adult Children),简称 AC,原本是 Adult Children of Alcoholics 的缩写,起源于美国的成瘾症治疗现场,指"在酗酒家庭中长大成人的孩子"。此概念进入日本后,在传播过程中,演变成了"在虐待儿童、家庭暴力等功能失调家庭中长大、承受精神重压之人"的广义性术语,二十世纪九十年代后期曾在日本掀起过社会热潮。

不存在暴力性的虐待，某种感情冲突也在重复不断，深远影响孩子的人生。这一理论现在已经无人怀疑了吧，这里面存在着一种不同于物理规律的"必然性"。

那么欧美社会里就没有日本式的"世俗眼光"吗？可以说，世俗眼光不是问题，关键在于父母信奉的价值观。所以，斋藤的观点可以帮助我们理解亲子关系的病理，但要解释母女关系，还显得不够充分。

同性关系导致的胶囊化

在母女关系的问题上，斋藤关于孪生式母女的论述部分值得参考。

母亲和儿子是异性，母亲和女儿却是同性。母亲对与自己性别一致的女儿更难拉开心理上的距离，更难保持一种足以打破密切关系的紧张感。

有些母亲将女儿视为分身，强迫女儿拥有与自己相同的感受和想法，试图通过向女儿抱怨丈夫等方式来共享情感。女儿怜悯这样的母亲，担起了倾听牢骚的重任，在此过程中，密切的母女关系变得越来越坚固。斋藤指出，无论是女儿顺从这种关系，扮演亲密母女，还是试图打破胶囊为所欲为，最终都会走向同一个结果——"关系的胶囊化"。

顺从的女儿们为了实现母亲未竟的抱负，有时会选择做单身职业女性，将重心放在工作上。她们看似自立，实际上仍未摆脱"实现母亲愿望"的这个胶囊，并未获得自由，不是为自己而活。斋藤一针见血地指出了这一点。

"内化了的母亲"的概念，是理解母女关系的一个重要前提。

母女关系比其他形式的亲子关系都更容易趋向过度密切。这种密切，不仅源于母女性别的同一性，还来自她们同为女性的事实。所谓的"过度密切"指的是心理上的距离感，即使母女在地理上相距很远，也会产生强大影响。因此，女儿的离家、分居、结婚、生育、留学等手段，都未必能成为过度密切的解决方案。

过度密切也是矛盾情感的温床，容易孕育出爱与憎的共生。更确切地说，这就是"偏执－分裂心位"。母女关系往往爱恨交织，也正因为这种双重性，母女更加难以分离。如果强行将女儿从母亲身边拉开，女儿之后必然受到"内疚罪恶感"的报复。更进一步来说，受困于这种关系中的女儿，甚至无法单纯地憎恨母亲。原因在于，母女一体化的程度过深，女儿否定母亲，就等于否定自身。

有条件的爱

在"成年儿童"的概念进入日本后逐渐普及的阶段，斋藤为日本读者做了相关修正。其中之一，就是"有条件的爱"。

"有条件的爱"可被视为广义上的虐待，更准确地说，是对孩子"寄予过高期望，用期望来束缚孩子的人生"的暴力行为（引自前书）。

父母给予孩子的期望有时会过度。比如，要做一个听话顺从的好孩子，考上一流大学，在一流大企业就职等。父母将期望强加给孩子，"只要你按照我的心愿去做，就可以换来我的爱"。当然，并非所有父母都将这些期望毫无掩饰地挂在嘴边，然而深受价值观和期望压迫的孩子能够察觉父母隐藏的意图。于是，孩子们陷入了"如果辜负了父母的期待，就得不到他们的爱了"的恐惧之中。

这种有条件的爱产生的后果很危险。

这样的孩子如果按照父母的期望活着，长大之后，有可能接受母亲的控制，变得过度依赖母亲。如果违背期望呢？可能会因为对父母的歉疚或报复心，走上作恶或自我封闭之路。

那究竟该怎么办？斋藤认为，父母需要肯定孩子本来的样子，并不断向孩子传达"你这样就很好"。我大体同意他的看法。"有条件的爱"确实是个问题，向孩子传递肯定性的话语也非常必要。

划定了以上同意范围后，下面想从不同角度再审视一下。

"你只有按我说的去做，才能换来我的爱"，也许父母确实发出了这种信息。不过，现实中如果孩子辜负了父母的期待，父母真的会停止爱孩子吗？会把孩子推开，不再关爱了吗？

不会吧。大多数情况不会这样。实际上只是会对孩子说出更多否定性的话，以及威胁"你再这样，我可能会抛弃你"，但关爱依然继续。这里就产生了巨大的矛盾，从沟通理论的角度来看，父母同时传达出了两种信息——否定性的话语（"你不行，你不够好"），肯定性的弦外之音（metamessage）（"你这样也是可以的"）。这种矛盾并不少见，可谓日本家庭中的日常风景。

大家都知道，上面这种矛盾被称为双重束缚（double bind），即两难境地。

一般来说，双重束缚指的是肯定性的信息与否定性的弦外之音同时发出。提出"双重束缚"概念的是美国文化人类学家格雷戈里·贝特森 [1]，他指出在美国的家庭中，这种关系模式并不少见。

日本的情况恰恰相反，我称之为"日本式的双重束缚"。美国的双重束缚被认为是导致精神分裂症的原因之一（现已被学界否定），而日本式的，则容易成为孩子拒绝上学，并向父母施加暴力和进入茧居的温床。

在临床现场，确实有很多就诊者表示，他们总是被父母否定，得不到肯定性的认同，为此内心留

<hr />

1　格雷戈里·贝特森（Gregory Bateson，1904—1980），英国人类学家、社会学家、语言学家、精神病学家和控制论学家。此处原文中国籍即"美国"，疑为作者笔误。

下创伤。有的当事人认为这是虐待。我并不想说他们表达得太夸张，但仍然觉得这和身体性的虐待在本质上有所不同，至少临床现场的感触是这样的。

身体暴力会留下巨大的内心创伤，容易发展成PTSD（创伤后应激障碍）或解离性人格障碍（多重人格）等严重病理。不过此类虐待大多发生在单向的关系中，影响也相对单一。正因为单一，创伤的影响很难消除。

斋藤指出的"有条件的爱"对孩子的影响则呈现出不同特点，与持续性身体暴力造成的伤害相比，这种影响会给人留下"轻伤"的印象。正因为轻，更容易变成内心的错综纠葛。这是因为相较于单向的身体虐待，有条件的爱则具有亲子之间的相互性，即亲子关系并没有简化为虐待 - 被虐待的单一形态，孩子一方有可能做出反击或复仇。在这种情况下，孩子对家长做出的家庭内部暴力行为，以及茧居，就都带上了"报复家长"的意味。就像孩子诉说的那样："父母没有接受真实的我，我现在才如此痛苦。"

描述以上事态时，"爱"这个词略显单薄，涵义不够充分。爱往往具有两面性和盲目性，它不可或缺，同时也引发各种病症。爱可以成为就诊治疗的契机，也可能是导致症状久久无法改善的元凶。

认同与爱的矛盾

为了更准确地表达，我想在此引用社会学经常使用的"认同"这个词。父母给予孩子的所有肯定性的回应，都可以称为"认同"；给予孩子的具有两面性的强烈执念，则可以称为"爱"。

斋藤学等人提出的"有条件的爱"的概念，更接近于"有条件的认同"。进一步补充的话，所谓"有条件的爱"，通常是"有条件的认同"与"无条件的爱"的合体。典型例子就是前述的"日本式双重束缚"。

日本式双重束缚在母子关系中尤为常见。这是一种既包含了"有条件的认同"，也包含了"无条件的爱"的弦外之音的矛盾场景。比如，对于不愿意工作、茧居在家的儿子，母亲嘴上责备唠叨，实际上照顾儿子的全部起居生活。这等于一边发出否定性的言辞，一边温柔地将儿子抱在怀中。同样状况也见于母女之间。

我们可以想象一对同居母女。母亲不胜其烦地唠叨女儿"赶紧结婚，离开家"。唠叨所传达的信息，是"如果你结婚，就能得到我的肯定性认同"，属于"有条件的认同"。同时，母亲包揽了所有家务，照顾女儿的生活，实际上妨碍了女儿的独立，加深了母女间的依附关系，这里体现了"无条件的爱"。这就是说，母亲在言辞上催促女儿生活自立，却在无意识中用态度传达出"留在我身边不要走"的信息。这种矛盾造成了双重束缚。

在观察过一些茧居实例后，我感触尤其深刻的是，母女关系中独有一种显著的矛盾，和上面说到的正相反，属于"无条件的认同"和"有条件的爱"的组合。

这是什么意思呢？无条件的认同，即"无论你处于什么状态，真实的你就是好的"。茧居状态中的女性所承受的"赶紧进入社会做一个有用的人"的压力不如男性那么重。外界有可能将她们看作"待嫁小姐"（或全职主妇），不会像看待男性那么苛刻。换句话说，无论是外界眼光，还是家庭内部，女性的居家不出、不参与社会的状态，更容易被认同为一种生活方式。事实上，持续对茧居不出的女儿唠叨"赶紧找工作""离开家出去"的母亲不太多见。当然，这只是与同状态男性相比得出的结论。

然而，问题出在"无条件的认同"还伴随着"有条件的爱"上。具体说就是，母亲在传递"你如果继续茧居不出，就得不到我的爱了"的弦外之音。比如，当女儿不外出工作或不肯结婚时，母亲表面上不责备，但在日常生活的细枝末节上对女儿夹枪带棒，冷嘲热讽。口头上表示肯定，实际态度在否定，这样就形成了"肯定性信息"与"否定性言外之意"的双重束缚，近似贝特森提出的概念。

双重束缚这个概念在当代的意义在于向我们提示了人际关系中一方如何在无意之中束缚住了另一方。在我的印象中，母女关系的双重束缚比母子关系中的更深刻，影响更大。很多女儿为了逃脱，选择离家居住。这也许是女性茧居者少于男性的原因之一。相应地，那些未能逃脱母亲"地心引力"的女儿，往往会陷入比男性更彻底的茧居状态。

希腊神话中的母女牵绊

高石浩一在著作《支撑母亲的女儿们》里谈到母亲的自我牺牲，许多内容发人深省，尤其是在剖析母女之间的支配关系时，他指出的"受虐型控制"的概念极其重要，稍后将有详述。对这个概念，我个人持部分的赞同态度。高石指出，从母女关系的角度看，比起俄狄浦斯情结，得墨忒耳和珀耳塞福涅的故事更具普遍意义。

为了便于后续理解高石的观点，先简单介绍一下相关神话。

得墨忒耳是宙斯的妻子，珀耳塞福涅是他们的女儿。一天，珀耳塞福涅正在采花，被冥王哈迪斯强行掳走并带回冥界为妻。得墨忒耳听到女儿的呼喊后，四处寻找，最终得知女儿被冥王掳走，还发现宙斯也参与了此事。愤怒的得墨忒耳离开神界，导致人间世界发生饥荒。在宙斯的劝说下，得墨忒耳坚决表示除非女儿归来，否则大地将不再有收成。宙斯只好命令冥王释放珀耳塞福涅。可是珀耳塞福涅吃了冥界的石榴籽，无法完全回到母亲身边。最终，珀耳塞福涅每年有三分之二的时间与母亲得墨忒耳在一起，剩余时间在冥界与哈迪斯共度。珀耳塞福涅在母亲身边时，大地丰收；在冥界时，大地荒芜。

荣格认为，这个故事展示了"只有母女之间才理解的、排除男人的特殊体验领域"。确实，母女之间这种强烈牵绊，男性很难切身理解。但是，是否女性就能完全理解呢？相反，女性沉浸于其中，过度感同身受，反而有限制。

无论如何，这个故事的一大核心在于，母亲得墨忒耳和女儿珀耳塞福涅，将宙斯和哈迪斯等男性视为假想敌，以此强化了母女团结的关系。

在此，高石将故事中的男性角色和女儿珀耳塞福涅，比拟为治疗师和就诊者的关系，男性角色（I，心理咨询师）－女儿（II，就诊访客）。女儿向治疗师诉说母亲的控制之苦，希望终结母女关系。而母亲则阻止女儿去找治疗师寻求帮助，这种态度类似于得墨忒耳不愿让女儿回到冥界。然而，最终女儿在母亲与治疗师的博弈中逐渐实现了适当的自立，这也是女儿在与母亲和假想敌的对抗中逐步获得独立性的一个过程。

从另一角度来看，假想敌（男性）的存在，反而强化了母女之间的牵绊。如果用女性的自立与男性的自立做比较，可以发现，男性通过象征性的"弑父"来实现自立。这一过程中，父子之间的亲密牵绊因"弑父"而断裂，亲密价值再无法恢复。那么，女儿是否会尝试"弑母"呢？

答案是否定的。无论从哪种意义上说，男女在这一点上没有对称性。男性的"弑父"无可避免，而女性则不会"弑母"。甚至可以说，她们是"做不到"，而不是"不做"。

既然无法"弑母"，那么母女关系将会怎样？事实是，母女关系永在。

母亲的自我牺牲与女儿的歉疚感

高石浩一在前述著作中这样描述女性的"自立"：

> 或许可以说，女性的"自立"，是在继续做女儿的前提下，与母亲保持一定距离，与丈夫生活，同时不时回到娘家照顾母亲（中略）。但问题是，我们是否过于理所当然地认为，"自立"的前提一定是"克服"或"斗争"呢（中

略）？尤其是女性的自立，或许是一种既无法完全"克服"，也无法完全"摧毁"的共生共存，一种走钢丝般的微妙平衡状态。

高石认为，在男性居于高位主导的大背景之下，确实存在"母女之间的支配文化"。他称之为"以愧疚感为媒介，将对象拉入泥潭的文化"，对此需要做些解释。

简单来说，在日本的母女关系中，母亲以母爱的姿态为女儿奉献，使女儿产生愧疚感，从而达成对女儿的控制。这种源于"愧疚感"的问题，是由最早在日本进行精神分析的古泽平作[1]提出的。古泽称之为"阿阇世情结"，其源于一个佛典故事：

阿阇世是古印度的王子。他的母亲韦提希夫人因惧怕容貌衰老而失去丈夫的宠爱，于是想要一个儿子。在听说某位森林仙人去世后将转生为她的儿子之后，急于求子的夫人杀死了仙人，怀上了阿阇世。但怀孕之后的夫人却又因害怕仙人（即阿阇世）的怨恨，曾试图杀死腹中的孩子。阿阇世长大

1　古泽平作（1897—1968），日本精神分析学先驱。

后，得知母亲的过往行为，心生愤恨，几乎想要弑母。后来，他因深感罪恶，患上了一种散发恶臭气味的疾病。无人愿意靠近他，唯有韦提希夫人始终细心照顾他。母亲在照顾的过程中宽恕了他弑母的想法，阿阇世也体谅了母亲的苦衷，最终母子二人达成和解。

实际上，这个故事并未完全忠实于原典，古泽氏及弟子小此木启吾改编了故事。不过，这与本文的讨论关系不大，暂且放下。"阿阇世情结"的核心之一在于，母亲以自我牺牲的方式照顾孩子，让孩子产生罪恶感。

高石将这种通过自我牺牲实现的控制称为受虐型控制。他提到，在临床中常能见到不敢对"无私奉献却脆弱敏感"的母亲提出"自私"请求的女儿们，以及被母亲无意识的受虐型控制笼络住的女儿们。

受虐型控制是高石浩一理论的核心概念。他指出，在日本民间故事《仙鹤的报恩》中的人物就可以视为受虐型控制的典型。

在这个故事里，因为丈夫嘉六违反了"不可偷看"的禁规，妻子，即化身为人的仙鹤飞走了。高石认为，丈夫嘉六的心中有几种感情在此起彼伏：他违背禁规偷看的罪恶感，对妻子忍着伤痛、用自己的羽毛织布的感激和歉疚，对没有说出一句责备的话、只是默然翩翩飞走的妻子的眷恋和爱慕。仙鹤妻子的形象被认为是日本人理想中的"母亲"原型。我们对"无私奉献的母亲"心生"愧疚"，从而无法逃离母亲的束缚。

现代日本还保持着多少"对母亲的愧疚感"，仍存在不确定性。不过，在理解母女关系的特殊性上，受虐型控制的概念仍是一个非常有用的视角。

正如高石所指，若要受虐型控制发挥作用，需要承受的一方具有敏锐的感受力，能充分领悟他人正在做出的奉献和努力，从而产生愧疚。在许多情况下，儿子往往缺乏这种敏感。现实中的大多数儿子依赖和享受母亲的奉献，视之为理所当然，没有太多"对不起"的情绪。社会文化背景在很大程度上制造出了这种"迟钝"，女性为男性服务被视为理所当然。

正是由于这种社会文化背景，女性在面对受虐型控制时更容易产生反应，因此对母亲产生愧疚感的女儿远远多过儿子。在通过"弑父"达成团结的男性群体背后，存在一个永远不会彼此"互杀"、只在不断加深关系的女性共同体。这也是我认为"弑母"不可能的原因之一。

"弑母"的不可能性在很大程度上源于男性共同体对女性的压迫。男性共同体构建了所谓的"主流社会"，被压制的女性们彼此依靠，在"主流社会"的缝隙中形成一个可以称为"次要社会"的共同体，共享着男性理解不了的女性自己的文化，与"主流社会"表面上否认性别差异的立场形成鲜明对比。如果男性主流社会是通过"弑父"这条"公共规则"构建而成的，那么，母女间则通过亲密低语传递的"私人言语"构建出了"次要社会"。

虽然高石没有明确写出来，受虐型控制的概念之所以重要，还有一层原因，即在母女关系中，容易出现一种力量，使得奉献与控制、感激与怨恨等相悖情感之间的界线变得模糊。例如，"没有控制意图的控制"（下意识的控制），还能叫控制吗？或者，在类似相互依赖的亲密关系中，一方哪怕稍微主动一点儿，就有可能成为控制者，而被动的一方则变成了被控制者。

"比起母亲，更像女人"型的母亲

日本的母女关系中，受虐型控制较为常见，在欧美的母女关系中，情况似乎有所不同。前文提到的由埃利亚凯夫和海尼克共著的《母女：一种三人关系》一书就主要以西方电影和小说为题材，探讨母女关系中的亲密现象，提出了颇具启发性的见解。

把书中的分析直接套用到日本的母女关系上需要谨慎。其中许多关系模式，可能很难引发日本女性的共鸣，主要原因在于关系背后的文化差异。特别是在异性恋主义（异性恋优越观）占主导的社会中，许多母亲没有放弃女性身份，"我不仅是母亲，还是女人"。这就是埃利亚凯夫所称的"比起母亲，更像女人"型的母亲。例如"作为妻子的母亲"（优先考虑丈夫而非孩子）、"沉迷偷情而忽略孩子"的母亲，或者身为演员或歌手的"明星母亲"等，都是代表。

这些当然也是重要的问题。但这种关系里有多少特质，是母女关系所特有的呢？所谓"比起母亲，更像女人"，指的是一位母亲既要承担身为母亲的责任，又想实现自己的欲望和渴求，她被两种身份夹在中间，由此产生矛盾，这才是问题的根源。无论她的孩子是儿子还是女儿，这个矛盾都不会变。这种情况在亲子关系中普遍出现，引申到"育儿放弃"或其他虐待也是如此。所以，在探讨母女关系的特殊性上，这些类型没有太大的帮助。

如果要具体讨论母女关系，或许应该聚焦于母亲因为试图保持"母亲"的身份，而不可避免地产生的问题。至少在日本，母女之间的纠葛，大多源于"身为母亲该怎么做"和"身为女儿该怎么做"之间的矛盾。母亲因为过度认同自己的母亲身份而产生问题，女儿则为自己不能彻底承担起女儿身份而感到焦虑。

由此，解决之道也就相对简单：母亲去改变自己，女儿去寻求独立。当一种关系出现问题，该做的无非是对话和调整距离。大多数母亲和女儿应该都明白这一点。反过来说，如果无法理解这些，那么母女关系几乎无法形成。

第二任妻子情结

不过，"比起母亲，更像女人"这个观点中，有一点需要探讨，就是"第二任妻子情结"。

埃利亚凯夫引用了达夫妮·杜穆里埃的小说《蝴蝶梦》（Rebecca，即希区柯克同名电影的原著）中的情节对此进行探讨：英俊而富有的男子马克西姆的第一任妻子丽贝卡在海上失踪后，他又娶了第二任妻子。可是，第二任妻子对其美丽的前妻始终抱有自卑情结，无法放下，渐渐被逼疯。

小说里并没有出现母亲的身份，何以会成为讨论母女关系的依据呢？埃利亚凯夫认为，第一任妻子丽贝卡正是象征性的母亲，这样一来，第二任妻子则象征女儿。

她谈到，荣格所谓的"厄勒克特拉情结"[1]不足以成为俄狄浦斯情结的对立概念，相反，"第二任妻子情结"才相当于女儿式的俄狄浦斯情结。

确实，在俄狄浦斯情结中，儿子的欲望指向"弑父娶母"。在这个逻辑下，相对应的，女儿的情

1　精神分析术语，概念源于希腊悲剧中的厄勒克特拉弑母，指女儿与母亲争夺父亲的恋父情结。

结可以理解为"驱走"母亲，成为父亲的"妻子"。可是，如上所言的后妻备受前妻回忆纠缠的故事，作为情结的证据，真的具有普遍性吗？

在她的解释里，问题的关键在于，母女在围绕"丈夫的妻子"这种"唯一的位置"展开争夺，但这样的女儿究竟有多少？能被妻子和女儿争相热爱的幸福老爹，究竟有多少？即便有，恐怕也是濒临灭绝物种。

所以，我的看法与埃利亚凯夫的观点正相反。虽然想寻找厄勒克特拉情结的例子并不困难，很多所谓的"恋父"女性，比如田中真纪子[1]，即著名例子。然而，她们与母亲竞争过"妻子宝座"吗？显然没有。"恋父"的女儿们往往只是背着母亲，或无视母亲的不满，堂而皇之地坐上"妻子之位"。即使不是这样，面对母亲感到自卑、同时深爱父亲的女儿的故事听上去动人，实际很难成立。为什么呢？

因为充满了竞争和暗斗等不安定因素的三角关系，最终会收束为二人关系。即便有能保持长期安定的三角关系，也是因为其中一方心中有爱但坚守

---

[1]　日本前内阁总理大臣田中角荣的女儿。

沉默的结果。对，就是小说《无法松的一生》[1] 和向田邦子的《阿吽》[2] 里的那种。

有人也许会说，还有美国的《廊桥遗梦》，可那不算三角关系。《廊桥遗梦》里的丈夫从未知晓妻子的外遇，妻子的心早已转向偶遇的摄影师金凯德，里面只有以婚姻制度做掩饰的不真实的二人关系。

再说，"第二任妻子情结"只有前妻成为亡灵才能成立。如果前妻还在世，势必发生争斗，最终以一方取得胜利而告终。正因为前妻并非实存，情结才得以成立。

所以如果女儿面对母亲感到自卑，多半不是自卑于自己不够资格成为父亲的"唯一"，而是更直接地被母亲的才能压倒。这里需要重申，如果问题出在自卑感上，就不仅仅限于母女之间，其他关系中也会发生，比如在父亲和儿子、母亲和儿子之间。所以我们需要谨慎，避免犯下常见性错误——将母

1　改编自日本作家岩下俊作的小说《富岛松五郎传》，讲述了人力车夫富岛松五郎在照料去世好友陆军少尉吉冈小太郎的妻子良子和儿子敏雄的过程中，逐渐对良子产生感情的故事。

2　向田邦子唯一的长篇小说，讲述了日本战前背景下一对男性好友与一名女子之间掺杂着友谊和婚姻伦理关系的三角恋故事。

女关系简单化为敌对和竞争的关系。

"柏拉图式的近亲相奸"

我认为埃利亚凯夫观点中比较重要的部分，其实是母女之间的过度密切关系，尤其是"柏拉图式的近亲相奸"的部分，虽然这个叫法很刺耳，不够安全。

把某种关系定义为"近亲相奸"的做法，几乎是精神分析学者的常见毛病，所以请大家普普通通地称之为"过度密切的关系"就好，或者我们常说的"孪生"母女也可以。顺便说一句，"关系亲密"能被大胆而巧妙地表现为"孪生"，在这一点上汉字赢了。

埃利亚凯夫认为，母女之间过度密切的感情，是通过疏远父亲而建立起来的。我们总以为疏远父亲是日本独有的现象，但事实并非如此，父权的衰落是十九世纪以来的世界性的趋势。

首先，过去被父亲独占的亲权[1]（多么惊心！），

---

1 父母对未成年子女的人身和财产的管教、保护的权利。

现在母亲也平等地拥有了，其结果就是亲权的归属更偏向母亲那边。同时也产生了问题——越来越多的父亲放弃了作为丈夫和父亲的责任。由此导致在亲子三人的家庭亲密关系中，只留下两个容身位置，母亲和孩子占据位置之后，父亲便被排挤在外，无法进入。

她认为，母亲和女儿是同性，亲密关系更容易成立，女儿是映照母亲的镜子，是母亲投射自恋的对象，母亲容易将自身的身份认同混同到女儿身上。这里她想强调的，是身体共性。

母亲和女儿拥有共通的身体感受，她们乐于向对方倾诉自己的想法和感受，乐于互借衣服穿，结果导致相互之间的区别和界线变得模糊。

亲子之间的过度密切，当然也适用于母亲和儿子之间。不过这里几乎只限定于母女关系，这是因为只有母亲和女儿之间，才能生出源于身体同一性的亲密关系。这种亲密无法在母子或父子之间发生，这是为什么？

后面也将讨论到精神分析意义上的"拥有身体"：精神分析学认为，只有女性才"拥有身体"，其中包含了一层"与男性相比，女性对自身的身体性更为敏感"的意思。进食障碍几乎是女性特有的疾病，这也与女性特有的身体意识相关。女性可以通过分享自己独特的身体感受来引发共鸣，互相认同。这种共鸣在男性之间很难建立。

简单整理一下埃利亚凯夫所说的三个近亲相奸的类型。

1. 不伴随性行为的"近亲相奸"，其中包括母女关系等柏拉图式亲密关系。

2. 通常意义上的近亲相奸，发生在父亲和女儿、母亲和儿子等近亲之间的性关系。

3. 近亲之间同时或按先后顺序与同一对象发生的性关系。比如母亲和女儿与同一名非近亲者的外界男性发生关系。

三种类型在西班牙导演佩德罗·阿莫多瓦的电影《回归》（2006）里都可以看到，下面我只描述对母女关系有重要影响的部分，忽略故事梗概，可能包含剧透。

影片中，祖母、母亲、女儿之间的关系极其错综复杂。首先是佩内洛普·克鲁兹扮演的母亲雷蒙黛，她被生父强奸，生下女儿宝拉。雷蒙黛和宝拉既是母女，也是姐妹。

雷蒙黛的母亲伊莱娜无法容忍丈夫的不忠，将丈夫和情人一起烧死，假装自己也一并死了。丈夫的情人正是邻居奥格斯蒂娜的母亲，奥格斯蒂娜不知自己的母亲已死，相信她只是下落不明，并把对母亲的爱寄托在雷蒙黛的姨母身上，一直照顾着她。

故事中有两个"父亲"被杀死了。首先是雷蒙黛的丈夫，他声称与雷蒙黛的女儿没有血缘关系，因强行与继女发生性关系被刺死。另一个是被烧死的雷蒙黛的父亲，伊莱娜的丈夫。两个男人在故事里的存在感都很低。故事似乎在讲只有通过杀死父亲，女人们才能获得安宁。

这个通过杀人恢复亲情牵绊的离奇故事之所以充满了奇妙的明媚轻盈感，一部分原因，在于阿莫多瓦导演在影片中偏执地强调了故乡拉曼却[1]的本土情调（夸张的亲吻脸颊的场景，猛烈到脱离现实的东风，等等）。这种程度的疯狂，在拉曼却是可以接受的（想想堂吉诃德！）。

1　西班牙拉曼却，是导演的出生地，也是堂吉诃德故事发生的背景地。

第三者的疏远

三类近亲相奸有一个共同点，即"被疏远的第三者"。埃利亚凯夫写道："柏拉图式关系里被疏远的是父亲；第二类是母亲被疏远；最后一类被疏远的不是人，而是位置。"

"位置"指的是"第三者的位置"。当母亲和女儿争夺同一个恋人时，情侣之间的第三者位置消失，母亲和女儿在争夺女人的位置。

埃利亚凯夫很重视家庭关系中的"第三者"的存在，这里的第三者，有时会与父亲的立场发生重叠。她认为，跨两代的关系必须是父亲－母亲－孩子式的三元关系，二元关系容易引发身份认同混乱等诸多问题。在临床中，"第三者"的重要性同样适用于茧居现象。

《回归》讲述的就是一个"柏拉图式的近亲相奸"因父亲的远离而得以和解并恢复的过程。雷蒙黛的丈夫和伊莱娜的丈夫本应承担起父亲的形象，但他们被简单地杀死，由此伊莱娜－雷蒙黛－宝拉三代女性逐渐恢复了早先丧失的亲情纽带。“杀死”父亲本应是一种象征性的表达，在电影里则被真实地表现为物理性的杀死。

《回归》多处强调了女性的身体性。佩内洛普·克鲁兹饰演的雷蒙黛的丰满肉体同时展现了女人性与母性。据说这种丰满感是人工填充出的电影特效。另一方面，人们起初以为雷蒙黛的母亲伊莱娜已经去世，但她通过在健身车手柄上留下体味，通过放屁，以气味向女儿们显示了她的存在。这里明确地强调了母女之间的纽带本质上是身体性的。

在接近尾声处，《回归》引用了卢基诺·维斯康蒂导演的电影《小美人》(*Bellissima*)里的一幕。《小美人》讲述了一位母亲为了让女儿在电影角色选拔中脱颖而出而不懈努力的故事。女儿自身并不情愿，母亲为了女儿能成功，不惜事无巨细地支配女儿。这个场景无疑暗示了《回归》的主题。

近亲相奸是现代社会最大的禁忌之一。但根据精神分析学的观点，人类存在的起点，就是想断绝无法抑制的乱伦欲望。对一个人的成长来说，顺利走过俄狄浦斯情结，即“弑父娶母”的欲望，是至关重要的。禁忌，也意味着它是最深的欲望对象。

在埃利亚凯夫指出的三类近亲相奸中，通常意义上的近亲相奸在现代社会当然是禁忌。而最后一类近亲相奸，即近亲者与同一个外界男性发生性关系，即使不是禁忌，也会成为丑闻。那么"柏拉图式近亲相奸"呢？这是一种极其接近乱伦的关系，但它既不是禁忌，也不是丑闻。

是的，有时母女关系几乎是现代唯一不受任何抑制和禁止的乱伦关系。这种关系一旦建立，就会格外舒适。所有试图疏远父亲、亲近母亲的女儿，都可能抱有这种近亲相奸的欲望。

然而，也正因为是近亲相奸，一定会生出别扭和难受，以及负罪感。也许就是这些，引发了母女关系里的种种问题。

二 少女漫画和"弑母"问题

在分析母女关系时，有一项因素对日本十分有利，那就是我们都知道有一种漫画类型叫作"少女漫画"。奇特的是，我读过很多日本研究者写的母女关系方面的书，却几乎没看到哪位作者用少女漫画做分析底本，实在遗憾。因为在所有表现形式中，最早、最真挚地描写了"弑母"主题的作品，就是少女漫画。大塚英志[1]曾认为：

> 如果想讨论少女漫画，那么，首先应该讨论少女漫画如何描绘了各种形态的母性，不

1　大塚英志（1958—），日本评论家、作家，著有《物语消费论》《少女民俗学》等书。

关注这一点，就无从探讨少女漫画史，也无法明确少女漫画的可能性和局限性。

——《探索与母性的和解：漫画学的视角》

大塚这篇文章刊行的时候，少女漫画作者们很流行创作以生育为题材的漫画，大塚的文章意在批判这种流行。他认为"过去少女漫画的深处暗藏着一种沉如浊泥的主题，漫画家们受其禁锢，做过痛苦挣扎。直到现在，这种痛苦也未能得到宽慰和清算。但是，现在画生育题材的少女漫画家们仿佛在说这些痛苦早已被宽慰，已经了结。她们轻而易举地肯定和歌颂起了自己的母性"。

大塚还指出，少女漫画有着一个共通的缺点，就是作者画的都是全面肯定自我意识的作品。这样一来，无论是对母性的肯定，还是对母性的质疑，都只是构建一个需要被肯定的各种自我意识的集合体而已。大塚认为这类作品已经失去了讨论价值。

他的论调非常真挚，简直令读者怀疑，他之所以如此痛斥，其实是他自身想从少女漫画这种类型中寻觅一个对于"母性的疑问"的回答。他相信少女漫画能提供答案，给予过厚望，现在感到被背叛，才如此愤慨。

大塚的文章中提到萩尾望都[1]的作品《我的女儿是蠑螈》（1994，以下简称《蠑螈》）。他没有赞美这部享有盛誉的作品，相反，他干脆地认为"相较于萩尾的其他作品，《蠑螈》是一种退步"。他更推崇萩尾的另一部科幻题材作品《荒芜世界》（1986），称之为"女权主义的少女漫画"。在谈到这部作品时，大塚提出了一个重要观点：

> "24年组"少女漫画家的最显著特征，在于她们发现了身体与内在。简单地说，她们发现了自己具有性意义的身体，自我意识由此觉醒。不过，她们的自我意识过强，阻碍了她们将"性的身体"重新定义为"追求性快乐的身体"。她们发现了自己的"性的身体"，却草率地将这种身体性归纳为"可以生育的身体"，由此承担起了更加宏大的课题。"24年组"早期作品没有把生育和母亲做明确区分，原因也在此。

---

1 萩尾望都（1949— ），日本漫画家，漫画风格横跨科幻、奇幻、恋爱喜剧、神秘与悬疑等领域。被称为"少女漫画之神"。

"24 年组"指的是二十世纪七十年代涌现出的一批画少女漫画的女性漫画家,她们给少女漫画带来了主题和表现手法上的革命。这批漫画家大多生于 1949 年(昭和二十四年)前后,故称 24 年组。代表画家有竹宫惠子、大岛弓子、山岸凉子等。不用说,萩尾望都也在其中。

大塚提出了一个重要观点,就是耽美作品[1]之所以得以形成,正是因为作者有意识地回避了母性主题。耽美作品流行的现象背后,隐藏着"创作者自身也尚未察觉到的、男性规范主导的社会带给她们的抑制和压迫"。

我认为,耽美作品之所以得以形成并类型化,是作者们在逃避"对幻想"[2],在追求纯粹关系带来

---

1 耽美一词源自日本 20 世纪 30 年代的唯美主义潮流,后演变为特指以女性读者为主要受众群体,以男性间的浪漫关系为题材的小说与漫画作品。

2 "对幻想"(Tsui-Gensou)是日本思想家吉本隆明在著书《共同幻想论》中提出的一个独特概念,属于他自创的词汇。"对幻想"的概念涉及人际关系和社会构建,尤其在家庭和恋爱关系中,探讨了人们如何通过幻想建构彼此的关系。
具体来说,"对幻想"描述的是人与人之间相互依赖的幻想关系,即人们在彼此互动,通过想象和投射,构建出一理想化的"对方"形象。这种关系并不是以个体真实的本质为基础,而是基于一种想象中的互补性或依赖性。吉本认为,这种幻想不仅存在于家庭内部(例如父母与子女之间),也存在于恋人、朋友,甚至各种社会(下转第 101 页)

的享乐。就此而言，大塚的观点只能说是耽美形成的原因之一。表面上看，耽美作品似乎是少女（腐女）最自我封闭式的表达，但其中也蕴含着女性主义的主题。这一见解并非大塚独有，但他比实际的耽美作者的自论更有说服力，这倒成了一种奇妙的悖论。

《我的女儿是鼹蜥》中的和解

在萩尾望都的作品里，还是《我的女儿是鼹蜥》更直接切合本书主题。

大塚对这部作品评价不高，我却认为是杰作。《鼹蜥》将母女关系中的"身体"作为主题，与

（上接第100页）关系中。它是一种既吸引个体，又限制个体的幻想模式。

在"对幻想"的关系中，个体通过对他人的想象来建构一种稳定的关系，它能够带来一定的归属感和安全感。然而，这种幻想的本质又具有不稳定性，因为一旦双方的幻想出现裂痕或不再契合，关系就可能面临崩溃。因此，吉本在讨论"对幻想"时，既探讨了其正面的意义（如情感支持和联结），也提出了它的负面潜在（如依赖、矛盾、误解等）。

总结来说，吉本的"对幻想"揭示了人与人之间通过幻想构建关系的复杂性，这种关系是人类社会中无法避免的基本构造之一，但也因为其幻想的成分而时常面临脆弱和不稳定的困境。

第四章将要讲到的楳图一雄[1]的《洗礼》形成鲜明对比。

　　该漫画的主人公，是一名不被母亲爱的女儿。在母亲眼里，自己亲生的大女儿无论怎么看都是一只蠑螈，而二女儿看上去是人，所以母亲爱二女儿，厌恶酷似蠑螈的大女儿。反过来，大女儿因为一直得不到母亲的爱，始终深深自卑，她一直被拿来和妹妹做比较，被说"难看"，即使她长大后实际上是个非常美丽、成绩优异的人。后来，大女儿结了婚，有了自己的女儿，她的女儿长得像她，她对这样的孩子也爱不起来。就这样，有一天，传来母亲因脑出血去世的消息，大女儿赶到母亲身边，看到母亲的遗容，赫然发现那也是一张蠑螈的脸。大女儿深受震撼，此时终于理解了母亲的痛苦。

　　大塚对《蠑螈》还是有所赞扬的。他看到萩尾身为作者没有与"母性"和解，为此感到安心，赞赏萩尾表明了"对于孩子这种他者，即便是母亲也还是会感到违和"。在大塚眼中，这样的萩尾望都和内田春菊之类的作者形成鲜明对比，像内田春菊

1　楳图一雄（1936—2024），日本漫画家，第一代恐怖漫画大师。

等人一边厌恶亲生母亲，一边生下自己的孩子，通过认同孩子，达成自我认同。大塚虽然如此赞扬《鼷蜥》，但依旧认为与《荒芜世界》相比是退步，原因之一也许是《鼷蜥》主题的直接性，以及结尾的母女和解。大塚不是在批判故事结局太圆满，而是故事的结局暗示了"弑母等于和解"。大塚认为这种"弑母"太草率，轻而易举就成立了，所以对此不满。

基于这个假设，我的问题是，《鼷蜥》的结尾，真的是"弑母等于和解"吗？

相反，我读过之后，认为作品结局强烈暗示了"弑母的不可能性"。主人公大女儿，真的能将与自己母亲一模一样的女儿的脸看作是人类的脸吗？当她知道母亲即鼷蜥，理解了母亲的痛苦，就能逃离"母性"的枷锁吗？就算她面对生母这个个体，能做到"通过宽恕达成弑母"，但面对早已深深根植在心中的"母性的枷锁"，仅有以上层面的浅显领悟，还打不破枷锁，解救不了自身。

内田春菊的生育漫画

顺便一提，大塚英志批评的内田春菊的生育题材漫画是《我们在繁殖》系列。不过在我看来，内田厌恶生母和她认同自己的母性，并不矛盾。如果读一下内田的后作《AC 警察：日笠媛乃》（2007），就会明白这一点。

该漫画的女主角是女警察，她的母亲过度干涉她的生活，甚至连她的内衣式样和性生活都要插嘴，但她离不开母亲。内田塑造的母亲形象，也许是根据采访设定的，并不源自她的亲身经历，所以有些模式化。不过能以这种题材做主题，这种选择非常具有内田春菊的个人气质。如果考虑到 AC 这个概念进入日本之后，被理解为"通过否定母亲达成自我认同"，从而得到普及，那么（大塚批判的）内田显示出来的"自我矛盾"，也就不那么令人费解了。

当然，内田春菊不是少女漫画创作者，她主要活跃在面向青年读者的漫画杂志上，定位是可以描绘面向男性读者的带有性场面作品的女漫画家。所以她的"女性主义"是通过全面认同异性恋来实现自我认同的，在男性看来很"一目了然"。如果她在自传体小说《Fatherfucker》里的描述是真的，可以看出，她憎恶生母的原因是母亲主动参与了继父对她的性虐待。

内田有过这么残酷的人生经历，让人感觉她全面肯定自己的母性，就是一场毅然决然的"弑母"。然而，也正是她，画出了《AC警察：日笠媛乃》那样的作品，很遗憾地证明了"弑母"的不可能。

支撑耽美作品的女性心理

漫画家吉永史[1]曾公开说自己继承了24年组前辈画家的志向，她同时也是非常活跃的耽美同人漫画作者。结合之前大塚英志的观点，她这种创作状态显然不是偶然。吉永史还致力于将当代女性主义的种种形态掰开揉碎到作品里，力争让更多读者接受。

吉永史和作家三浦紫苑做过一场对谈，发表了

1　吉永史（1971— ），日本漫画家，代表作有《西洋古董洋果子店》《昨日的美食》《大奥》等。

一些很有启发性的观点。在《彻底聊聊 BL 漫[1] 和少女漫》这篇文章中，吉永认为，现在的 BL 漫画风潮在无意识中和女性主义稍微有一点儿连接。她还说，BL 作品的流行可以看作是"欠缺魅力的女人们的一种自我安慰"。BL 作品的读者属于"下意识地感觉到现今的异性恋不怎么舒服"的人。至于不舒服的具体程度，因男女而异。这是为什么呢？吉永认为：

> 男人的压制点只有一个："做个男子汉！要能养活老婆，养活全家，当个靠得住的顶梁柱"。所以男人能团结一致、共同奋斗，联合成一个整体。但女性不行，因为女性的压制点各不相同，很难共鸣。这不是生物学上的差异，任何被歧视的、落下风的一方都是这样。就像在美国，少数族裔总人数肯定超过百万人，但因为文化不同，团结不到一起。道理一样。

我从这段话里得到很大启发，在很多场合分享

1　耽美作品中的重要流派，BL 为 Boys' Love 的缩写，指男性间的浪漫关系。

过。让我惊讶的是，几乎所有女性对此都有共鸣。当然，作为男性，我无法直观地理解这段话，但我本能地意识到，这些话包含了一些很本质的东西，非常有意义。

"压制点"这个词看似随意，实际上是个突破性的表达。"让某一部分人感到自卑的价值规范"浓缩进三个字里，准确而精炼。吉永说的"男性的压制点只有一个"也非常切中要害，让我忍不住点头。确实，男性感受到的"存在的烦恼"，都能归结到异性恋霸权的压迫之下。

换句话说，就是定言命令[1]"你要成为一个能拥有众多女人的伟大的阳具"。定言命令，即无条件服从的绝对命令。毫不夸张地说，几乎所有男性都活在这一命令之中。当然，男性欲望多种多样，每个人自有个性，但这些差异，都是面对这个"命令"的不同态度而已。直率接受命令的人沉迷女色；反抗命令的人拒绝女性；假装不在意命令的人，与女性保持适度来往；有人扭曲了命令，从女性的代替物（fetish）中得到满足，方向各自不同。

1　由康德提出的哲学概念，指一种无条件道德准则。主张行为准则须能普遍适用，构成义务伦理基础，影响深远。

男性虽然在欲望方面呈现出多样性，但是感到自卑时却简单得令人惊讶。仅仅凭"不被女人喜欢的男人"或"边缘男"几个字的标签，就能让众多男性产生强烈的共鸣。

然而对于女性而言，像"败犬"这个词，涵盖了更加复杂的能引发共情的点，却始终无法产生如男性那样广泛的共鸣，其中差异究竟源自何处呢？

上面提到的吉永史的发言，概括成一句话就是"在本质上，每个女性都是一个独立的少数群体"。如果在规章制度的层面，歧视女性的部分还显著存在，那么女性会团结到一起；如果粗暴的压制体系渐渐隐形，不再那么赤裸裸，女性便会活在一种甚至会催生自我压制的、更复杂的价值体系之中。我的观点是，催生出以上男女差异的最大原因，就是"父子关系"和"母女关系"有所不同。

大多数情况下，人的基本价值观首先是通过父母习得的，不论男女。但是，儿子从父亲身上受到的影响，往往不像女儿从母亲处受到的那么深入骨髓。男性的价值规范往往超越了矮小的父亲，连接着一种更大、更具普遍意义的东西，父亲未必是绝对性的存在。儿子将父亲提出的价值观与更大的价值规范做对比，甚至有可能看不起父亲。

与此相比，母亲的价值规范对女儿的影响则要直接得多。母亲会通过各种方式，将"希望你成为这样"的意象（image）强加给女儿，有时女儿显示出令人惊讶的温顺，毫不反抗地接受这种意象。这一点很重要。我们可以反抗价值观或用理论逻辑加以反驳，但是意象无从否定。无论是温顺服从，还是抵抗不服从，最终都会落入意象的掌控之中。母亲嘴里的"女孩子就该这样"之类的话，是意象强加，力量不可小觑。

吉永史还有一部切中母女关系主题的漫画，名为《该爱的女儿们》[1]。这是一部以共通的主人公串起的短篇连作。每篇主题不同，但主人公都是母亲麻里和女儿雪子。故事后半部分，又有麻里的母亲，即雪子的外婆登场，所以故事的主轴是三代母女关系。

如前所述，吉永史堪称具有女性主义视角的作者。她的这种视角，让她拥有了原初意义上的"性

1　日版原书名为《愛すべき娘たち》，直译即为《该爱的女儿们》，2004年台版书名为《全都因为爱》。

别敏感"（gender sensitive），造就了这部优秀作品。

在《该爱的女儿们》里，雪子的母亲麻里有着非凡的美貌，却认为自己"有龅牙，一点儿都不漂亮"。她有个比自己女儿还年轻的恋人名叫大桥，无论大桥赞美过多少次"你特别美"，麻里始终固执地否定这一点。无论怎么看，麻里都是一名优雅凛然的美丽母亲，所以她对自己美貌的顽固否定，令人难以理解。其实理由简单得惊人。

麻里的母亲，即雪子的外婆，上学时有个朋友，自我炫耀是美女，种种举动令人厌烦，外婆受够了这个朋友，留下了不好的回忆。外婆结婚后生下麻里，女儿从小就可爱美丽，连路遇的行人都会忍不住回头一看再看。有一次，一个路人感叹麻里是"多么可爱的孩子啊"，麻里听到后，举止中流露出了一丁点儿谄媚，被眼尖的外婆看在眼里。外婆很担心如果这么下去，女儿会变得和当年的学友一样讨厌，于是开始不断贬低女儿的容貌，以此作为一种教育手段。

麻里从小接受母亲的这种教育，始终被说"难看，不可爱"，长大后无论得到多少赞美，都无法建立自信。由此，麻里的女儿雪子领悟到一个道理：

"所谓母亲，其实是一个不完美的女人。"

这种领悟对女儿们来说，是摆脱母亲束缚的极其重要的认知。

在我看来，外婆和麻里的关系就是典型的母亲支配女儿的关系，尽管非常戏剧化。

也许外婆的本意，是想教给孩子怎么做才是正确的，是一种"家庭教育"。但无疑她的做法是错误的。有时，否定一个女孩的姿容有可能导致否定她的存在本身。更恰当的教育方式，或许可以是这样的："你比别人都漂亮，但不能做自以为是、藐视一切的人哟。"

若想不损坏一个人的自我认同感，又让此人学会谦虚，唯一的办法就是反反复复递送上述的语意。外婆一定是懂这个道理的，然而很遗憾，她忍不住在女儿麻里身上叠加了她厌恶的人。她每次贬低女儿"你根本不漂亮"，都在享受痛骂旧友的快感。这种混淆了个人仇恨和家庭教育的做法，展现了外婆这名母亲的"不完美"。

《该爱的女儿们》描绘了各种意义上的"应该得到爱的女儿们"，束缚女儿们的，不仅仅是母亲的言语。有人受到父亲的虐待，长大后利用自己的女性身体报复男性；有人被祖父的言语绑缚，无法恋爱；有人被曾经交往过的男人的言语禁锢，不得不像奴隶一样侍奉男人，试图以此维持恋爱关系。

因为吉永史的卓越技巧，故事一点儿都不模式化，不过，也许有人会批评这部作品过于心理学。我觉得，吉永明明预料到作品会受到这种批评，依旧毫无迟疑地画了出来。这种坚定，是因为她对 24 年组作品中的母性主题具有高度的自觉意识。她想描绘少女们逐渐膨胀的自我意识如何解构母女关系之中被特权化的束缚。为了接过 24 年组的旗帜，吉永史首先在做的是有意识地描写"来自母亲的咒缚"。如果只是描写轻而易举的母女诀别，或做无节制的主题化，是无法超越 24 年组的。

归根结底，也许只有母亲才能传递给女儿这种个人情感。因为能让一种价值观变得沉甸甸的，不是价值观背后的逻辑性，而是人们在获得价值观时感受到的真实情感。

如果是这样的话，那么"来自母亲的咒缚"，便是一种能够长久发挥强大影响的力量。一个人在孩童时期被灌输的价值观，会在各个方面影响人的一生。不，这不仅是时间问题。后面将会讲到，母女之间的纽带如此深厚而紧密，甚至会导致基于身体认同的"柏拉图式近亲相奸"。在这种关系基础上发生的情感交流，有时会导致母亲向女儿施加蛮不讲理的控制。

第三章

女性特有的困难

无论在哪种情况下，
将责任归于母亲
都比归于父亲容易得多。

因为母亲们不用等"专家"定罪，
她们已经低下头，
送上自己的脖颈，
准备接受惩罚。

一　关于"女性特质"的精神分析

不同性别的俄狄浦斯情结

要想讨论母女关系特有的困难，以及女儿难以"弑母"，就绕不开"女性特质"的主题。本章主要从精神分析的角度，来探讨一下女性特质的问题。

母子关系和母女关系的差异，不可能仅仅归结于生物学原因。正因如此，作为"关系性的科学"，精神分析才被需要。从精神分析的角度看，社会性别是通过"对母亲态度的不同"得到确定的，尤其是在俄狄浦斯期 [1] 最为明显。

1　精神分析术语，指儿童的性别认同中的一个发展阶段，通常发生在三岁至六岁之间。

对男孩而言，这一阶段尤为重要。通过经历俄狄浦斯期，人格和欲望的方向性才会真正形成。拉康等人也论述过，正是经历过这一时期后，人才真正获得语言。就是说，儿童经历过这一阶段后才变成了"人"。

俄狄浦斯期当中会出现一种"阉割焦虑"，指男孩因为对母亲禁忌的爱，担心自己的阳具会被父亲切除。为了缓解这种焦虑，男孩必须抑制自己的欲望。由此，男孩放弃了对母亲的独占，开始认同父亲。有时，这种放弃本身也被称为"阉割"。也就是说，男孩通过"被阉割"，最终从俄狄浦斯情结中"毕业"。

那么女孩又怎样呢？

有一种观点认为，嫌恶母亲和嫌恶女性是近代以来的产物。我不这样认为。至少按照弗洛伊德的理论，女孩的"厌母"更具根源性。接下来将引用弗洛伊德《女性性欲》中的论述，来进一步梳理观点。

女孩首先在断奶阶段与母亲分离。弗洛伊德认为，与男性相比，分离带给女孩的怨恨将遗存更长时间。随后，女孩发现自己没有阳具，几乎在同时，发现母亲同样没有阳具,从这里开始引出了那个广受争议的"阳具嫉妒"。

在这个时间点上,女儿暂时抛弃了没有阳具的无力的母亲。也是在此时,女孩在断奶阶段被压抑下去的分离怨恨再次浮现,称为女孩憎恶母亲的最初契机。从这一阶段开始,女孩的欲望转向父亲。

弗洛伊德认为,女孩的俄狄浦斯情结,始于她对父亲的欲望开始萌发的阶段,将持续一生。前述的阳具嫉妒会转化为通过性行为拥有阳具的愿望,进而会产生新的欲望,生一个作为"阳具替代物"的孩子:"这种希望拥有阳具和孩子的双重愿望深深植根于潜意识中,并为女性在日后扮演性角色做好了准备。"(《俄狄浦斯情结的消解》,《弗洛伊德全集(第六卷)》)

弗洛伊德的这些论述,在如今看来,并不符合日常经验中的事实或个人感受,尤其是"阳具嫉妒"的概念会让很多女性感觉不知所云,这不奇怪。精神分析本质上是一种探究潜意识欲望的技术,而这类概念就像分析时所用的道具,无法与现实一一对应。

不过，在分析社会性别分化的机制上，弗洛伊德的观点还是能够给出清晰而建构性的解释，虽然显得落后，但依然具有不可忽视的价值。尤其是关于女孩意识到和父亲相比母亲是无力的，从而加深了对母亲的厌恶这一过程，稍后也会提到。这个过程所构成的图式，在青春期之后也将反复出现。进入青春期后，一个人身上的社会性别会出现更复杂的分化和发展。名古屋大学名誉教授笠原嘉以研究"学生无气力症"（Student Apathy）而知名，他认为青春期和青年期问题在男女之间存在如下差异：

在青年期，男性的困难主要表现在对人恐惧上，女性的困难则更容易表现为进食障碍。这可以被视为在个体成熟过程中，男女面临的困难呈现出了差异。

这或许可以归因为男性和女性支撑自我评价的价值观存在差异。

第一章已经讲过，对男性而言，最重要的是得到来自外部的、社会性的认同。于是，学历、职业、智力、体能等具有"社会有用性"的条件，对男性来说至关重要。男性的内心纠葛容易以"社交恐惧"等形式体现出来，与"羞耻感"和"面子"等紧密相连；男性的自我厌恶倾向，多针对个人性格或能力等象征性因素。

另一方面，虽然女性和以上所述的男性纠葛并非无缘，但女性的苦恼更倾向于围绕身体而展开。比如进食障碍，到了现代依旧是一种以女性患者居多的疾病。还比如拔毛癖[1]（trichotillomania），几乎是完全属于女性的病理现象。

与身体有关的女性的内心纠葛，常常被误解为由男性凝视所引发，但原因远不仅于此。从我看到的女性病房中年轻患者之间发生的各种矛盾冲突来看，女性对于身体的纠结，最初大多源于"太在意同性的视线"，当然其中可能有一些猜疑和被害妄想。不过实际举例的话，在一般职场上，恰恰是女性上司或同事，最热衷于检查女性员工的服饰和妆容。男性在这方面出奇的迟钝，几乎不会注意到这些细节。这种来自同性的"估价的视线"，女性首先在青春期的同性团体里经历过，内化成自我标准，形成了不断监视自我身体的视线。桐野夏生的小说《异常》就毫无保留地揭示了女性投射在同性身上

---

1 反复出现的不能克制的拔除自己毛发的冲动行为。

的"检阅姿容的冷酷目光"。

内化的"自我监视的视线"失控暴走时，冲突和纠葛就以进食障碍或拔毛癖等病理的形式呈现在了身体外部。

女性的进食障碍，尤其是厌食症的案例，经常出现的情况是，旁人眼中的她已经瘦到皮包骨了，本人依旧认为自己"太胖"。在精神医学里，这是身体意象发展到近乎妄想的程度，从而扭曲了引发问题的源头。在这种情况下，她的身体意象已经超越了异性的凝视，摆脱了同性的视线，开始执着于"持续变瘦"的过程本身。她追求的不是单纯的"苗条"，而是"无限持续苗条的**身体**"。

进食障碍经常被理解为"拒绝走向成熟"，或者拒绝拥有所谓的女性特质。果真如此吗？这里所说的成熟，也可以理解为拒绝母性，从这个意义看，与拒绝拥有所谓的女性特质是基本重合的。

确实，厌食症患者经常倾向于中性打扮。拒绝女性特质直接等于向男性特质靠拢吗？当然不是。相反，我在一些厌食症患者身上感到了一种极致的女性气质，这是为什么呢？

厌食症患者的女性气质

漫画家大岛弓子的名作《节食》实在太有名，我虽然有过犹豫，但还是拿来引用一下。这部漫画描写的"事例"也许和现实中的进食障碍不太一样，不过确实触及了进食障碍的一些本质，堪称经典之作。

以下只选择与本书有关的部分情节：原本有暴食倾向的少女主人公，得知好友有了男朋友之后，逐渐患上了厌食症。

首先，主人公患上厌食症的时机很重要。为什么好友交男朋友会成为契机？在我眼中，这里表现出了少女对异性恋至上主义（heterosexism）的抵抗。借用前文中吉永史的说法，少女对轻而易举就皈依了"恋爱教"的好友提出抗议，厌食症就是她选择的具体抗议形式。

实际上，我没遇到过因为类似契机而患上厌食症的真实案例。在现实中，引发厌食症最常见的诱因无疑是减肥。仅从这一点来看，人们通常认为厌食症的原因是"瘦身渴望"，进一步追溯的话，瘦身的背景又是"以瘦为美"的社会文化偏见。这种解释虽司空见惯，不过，大岛弓子也许看到了瘦身渴望背后更深层的对异性恋至上主义的反抗。

在大岛这本虚构的漫画里，患上厌食症的主人公没有被送往医院治疗，而是出现了一个让我惊讶的突破常规的解决方式：主人公的好友及其男朋友决定成为主人公的"父母"。在这种模拟家庭的关系中，故事暗示了某种救赎的可能，就此完结。用模拟家庭来解决问题，一个多么充满幻想色彩的结局，不过这里展现了一种只有通过虚构才能描述出的真实。

为什么是"模拟家庭"？为了让女主人公不受"恋爱教"的侵扰，模拟家庭就成了一个必要步骤吧。如果主人公能在模拟家庭里找到避风港，那么，她不必经过厌食症，也能做到"去性化"。她可以通过担任模拟家庭里的"孩子"，以安全的方式成为一个去性化的存在。

异性恋至上主义的灌输

简单解释一下异性恋至上主义。

异性恋至上主义是一种意识形态，其偏执地认为人类的性关系只有男女组合才是正统，其他都是异端。性关系本就是多样化地存在，也不仅限于男性同性恋或女性同性恋，至少从社会性别的视角来看，异性恋不过是为数众多的性癖好中的一种，不应凌驾于其他性取向之上。

话虽如此，异性恋至上主义的支配力极其强大。从小时候起，我们就在家庭、学校、社会、各种媒体等一切场合中，被持续灌输"男女成对"的概念及其所象征的意义。异性恋偏好几乎无处不在。

也许可以说，厌食症患者想否定的是异性恋至上主义本身，她们在抗拒成为异性恋关系中的欲望对象或主体。

从精神分析的角度看，男性的同性恋是自恋（narcissism）的变形，是对异性恋对象的替代，因此男性同性恋是性倒错中的一种。而女性的同性恋则并非性倒错，可以视为对"父之名"的反抗，对异性恋至上主义提出异议。女性还可以通过"歇斯底里化"，通过各种症状（即无法以意识控制的表象）向权力结构提出"女性究竟是什么"的诘问。

对于不熟悉精神分析学科的人来说，以上观点可能显得过分牵强或有偏见，但以上论述都有坚实的理论做支撑，现在无暇详述。请大家简单地理解一下：异性恋至上主义对男性而言，更像一种自然的欲望形式，而女性有时会感觉不能被说服。所以，女性往往借用症状的形式，来质疑异性恋。然而很遗憾的是，这种反抗或诘问经常反过来强化了异性恋制度。

何为"女性特质"

上面的问题涉及女性特质的形成。从精神分析的角度来看，女性特质意味着彻底的表层性的东西，其中不存在任何所谓的"本质"。所有凝视女性的表层性的视线，无论出自男性还是女性，都是异性恋式的视线。换句话说，只有在以异性恋至上主义为前提的情况下，女性才能将自身作为一种连贯的存在加以主张。

为什么会这样？

用比喻的方式来说，这是因为女性拥有"身体"。重复一遍，女性特质不具备任何"本质"。（为了避免误解，这里讨论的是女性特质这一概念，而不是具体的女性个体。毋庸置疑每个女性个体和男性个体，都拥有自身的"本质"。）女性特质仅存在于女性的身体表面。也就是说，正因为女性是表层性的存在，所以能够拥有身体。

相对这一点，男性则没有"身体"。前面对比进食障碍和对人恐惧时已经谈到，男性仅拥有象征意义上的"本质"。在不同的文化中，男性特质也不尽相同，但如"逻辑性""坚定""原则性""忍耐"等，基本上都共通。显然，以上这些特质，每一种都是抽象的、观念性的。

如果从观念层面探讨女性特质，就只能以男性特质的否定型和例外作为基础，比如"非逻辑性"和"柔弱"等。另一方面，积极意义上的女性特质往往被认为体现在外表、举止等身体性的表达上。

以"家庭教育"为例比较好懂。家庭对于男性特质的培养通常是观念性的，而对女性特质的教育则集中于仪容仪表、姿态动作等身体性上。由此看来，在身体感知上，一般来说男性远比女性钝感。对男性来说，肉体就像空气一样透明，只有在极度疲劳或疼痛等"问题"出现时，才会意识到身体的存在。一部分男性热衷于"出汗的快感"，也可以视为他们希望通过极度的身体消耗来确认自身的身体存在。他们当然拥有菲勒斯[1]（阳具），不过，菲勒斯更像是象征符号，一种男性"本质"的凝聚物，而非单纯的身体器官。

身体带来的不相容感

女性虽然拥有身体，但她们对自身的身体总是怀有某种程度的不适感。说得夸张一些，有时候女性会感觉到自己被关在一种叫作"身体"的套子里。

艺术家高野绫在《东京空间日记》（Tokyo Space Dairy）一书中讲过一个有趣的故事。她上高中时，朋友捏着她的胳膊说"这块肉真碍事"。她对这句话深感共鸣，并从威廉·吉布森[2]的《神经漫游者》里找到了"摆脱肉体束缚"的可能性。通过网络虚拟空间，人们首次感到从身体中解放出来的自由。这或许是女性特有的赛博朋克式的体验。

通常情况下，男性总是试图将女性身体视为一

1　Phallus，原意为勃起的阳具或类似物。相对于生物学意义上的阳具，菲勒斯则更呈现象征意味，亦是父权的隐喻。

2　威廉·吉布森（William Ford Gibson, 1948— ），美国作家，出道作《神经漫游者》开创了"赛博朋克"这个文学流派。

种"根源性的东西"，或者"自然的东西"，男性格外青睐"内心背叛身体"式的神话，仿佛这是女性"脆弱"的一种证明。然而实际上可能发生的，不过是"感情背叛理性"这种程度的反叛而已，而且不限于女性，男性身上也能看到。

即便对"这块肉"感到舒适和满足的女性存在，她们未必一定就是异性恋至上主义的无意识信徒。相反，这样的女性，很有可能在以讽刺的态度利用异性恋体系。

如前所述，很多进食障碍的病例显示，患者往往与母亲有着严重冲突。我认为理由之一，是这些女性的内心深处根植着强烈厌女的基础情感。

导致厌食症的契机，有时仅仅是轻松心态下开始的一次节食。对女性来说，节食本来是一种以期获得身体魅力的行为，不过，这种行为有时会以厌食症的形式达成自我目的化，发展到几近强迫症的过度状态。在我看来，厌食症的节食行为是对异性恋至上主义的最过激的否定。看上去厌食症患者在通过"去性化"，追求无性别的状态。她们将头发剪到极短，给停止月经的身体套上中性的衣服。此时，她们不在意同性的目光，异性的视线在她们看来是愚蠢的，唯一的标准是她们内在拥有的身体意象。为了达成这种意象，她们在持续削减"这块肉"。那么，她们内在拥有的身体意象是扭曲的吗？

如果"肉＝女性特质"这一公式成立，那么，她们希望在最低限度维持生命的范围内尽可能地削减肉体的愿望虽然异于社会常态，但在实现愿望的过程中，她们的"认知"却近乎残酷地正常。

对幻想的起源

厌食症患者试图拒绝的，不仅仅是异性恋至上主义，她们也在拒绝基于生殖关系的家族主义。我借用吉本隆明的术语，将这种异性恋至上主义的种种形态，称为"对幻想"。

吉本在《共同幻想论》中写道：

> 作为"性"的个体，所有人都或是男，或是女。然而这种分化的起源不像许多学者所认为的那样，可以追溯到动物生命时期。只有一切与性相关的现实行为产生了"成对幻想"之后，人类才第一次进入了"作为性的人"的范

畴。"对幻想"的产生，使得人类的性被投放到社会的共同性与个体性之间的狭小空间发挥作用。因此，尽管作为"性"，人或者单独是男，或者单独是女，却被放置进了被称为夫妻、亲子、兄弟姐妹、亲族的序列里。换句话说，"家族"由此诞生。

按照上述观点，异性恋至上主义显然是"对幻想"的核心，"对幻想"的主体依然是男性。男性的异性恋至上主义几乎不可避免地会与"对家庭的渴望"联系在一起。换句话说，男性同性恋之所以常常被视为问题，原因之一是对家族体系断绝的不安。

"对幻想"基本上是由男性一方启动的，女性不过是在被迫接受。我基于一些实例得出了这个结论。比如茧居，如果茧居不出的状态长期化，需要以年为单位计算的话，女性茧居者往往比男性更容易从"对幻想"中解脱出来。与此相比，男性更难以从性的纠葛中脱身，他们渴望拥有恋人，拥有家庭和孩子，无法轻易放弃这种"对幻想"，无法轻易放弃"自己得不到的东西"。

同样，在宅文化里也能看到类似的性别差异。

男性御宅族虽然沉迷美少女漫画和手办，同时也强烈渴望在现实中拥有恋人。当然也有本田透[1]那样主张彻底放弃这种渴望的人，这种主张反倒说明了断绝渴望多么艰难。

女性御宅族就不太一样。她们中的相当一部分人被称为"腐女"，热爱耽美作品。她们对现实中拥有恋人的欲望不似男性那么强烈，并通过消费虚构的作品，似乎得到了比男性更彻底的性欲满足。

前面提到了桐野夏生的小说《异常》。这本小说虽不是直接描写"东京电力女职员遇害案"，不过一定参考了其原型人物。

简单说明一下这桩发生在 1997 年的案件，遇害者是东京电力公司（下简称"东电"）的女性职员，遗体发现地点在东京涩谷区元山町。

遇害女性毕业于日本著名学府庆应义塾大学，以首批女性综合管理人员的身份进入东电，被害时三十多岁，是东电的精英管理层员工。然而，案发后人们发现，她下班后会来到涩谷元山町站街卖淫。

---

1 本田透（1969— ），日本作家、评论家和编剧。曾出版《电波男》一书，在书中主张二次元中的幻想关系比现实中的恋爱更为优越，并将当时大众文化中的恋爱观批判为"恋爱资本主义"。

白天她是精英职员，晚上是娼妓，这种双面性引发了大众的极大关注。媒体也以猎奇的视角做了过度报道，引发争议。

根据佐野真一的纪实作品《东电女职员杀人案件》的记述，遇害女性的状态接近厌食症。下面我将论述我的解读，不过不是针对真实发生的案件的分析，而是基于佐野真一作品的解读。

精神科医生斋藤学认为，遇害女性的卖淫行为近乎一种自我惩罚。确实，她的行为显得十分明确：每晚必定接四次客，这个数字目标十分必要。性行为之后习惯用粪尿弄脏酒店房间。她将这些行为日程化、固定化，称为"症状"几乎不过分。斋藤学认为，这种行为与恋父心态成对出现。

对父亲抱有依恋的女儿，在梦想中因得到父爱而满足的同时，会恐惧于自己因为背叛从前的依恋对象——母亲而受到惩罚。（中略）女儿抛弃母亲，幻想与父亲合一的无意识的幻想，是背叛母亲的温暖，这种罪恶感很难浮现到意识表面，由此产生了自我惩罚的愿望。

——《探寻家庭中的阴暗》

另一方面，佐野真一则引入了"惩罚母亲"的观点：

　　她通过惩罚自己来惩罚母亲。更准确地说，她不惩罚自己，就无法惩罚母亲。东京电力公司女职员一家的悲剧根源就在此处。

——《东电 OL 症候群》

斋藤和佐野的观点都围绕着"惩罚"展开。"惩罚"这个词叙事色彩过于强烈，我不会用，但我同意以上的视点，她的行为里体现出了嫌恶女性和嫌恶母亲的一面，是一种极端的对"性"的否认。以我的临床经验来看，她的所谓"自伤行为"也接近强迫行为。要知道，强迫行为通常旨在否认性欲本能（eros）。

如果要彻底否认"性"，必须从性当中抽离掉一切快感和享乐的因素。与不特定的多数对象进行性行为，换以极其微薄的报酬，机械性地重复这一过程，从这个意义上看，她强迫性的卖淫行为可被视为"对性的极致否定"。这种行为正是最有效地掐死性欲本能的方式。如此看来，她不仅不享受性，还试图彻底将性无效化，否定性欲的存在。

如果她有厌食症的说法是真的，那么她"否定"的姿态，和厌食症通过厌食回避"性"的做法非常接近。在此之上，还可以将她的行为理解为否定"对幻想"，这桩案件就可以用普遍性的角度去理解了。

假设所谓"家庭"是从"对幻想"中诞生出来的，幻想的主体是男性，女性不过是这个幻想的投射对象，我们不难想象，母子关系因为依存于异性恋形态，更容易稳定，而母女关系则可能更复杂，呈现出更错综复杂且不安定的特征。

御宅族与"恋爱教"

这类现象不仅限于厌食症，我们先来看看御宅族。

即使是在幻想或虚拟空间里，宅男依旧接受异性恋式的支配框架。他们会对动画片或美少女游戏中的美少女角色"萌生感情"。这意味着，即使是在虚拟空间里，宅男也无法抑制对"对幻想"的追求。

而宅女不是这样的。有时被称为"腐女"的她们，钟爱描绘男性角色之间的浪漫爱的耽美作品，而这类作品里很少出现女性角色。宅女在虚拟空间里追求的，是摆脱"对幻想"的压迫，自由自在地对作品描绘的人物关系本身"萌生感情"。

男性对一个对象产生欲望、享受欲望时，需要明确自己的"所处位置"。这是拥有菲勒斯者必须背负的宿命。只有先确定菲勒斯的立场，才能面对对象。这种享乐形式被称为"菲勒斯式的享乐"。

另一方面，女性的享乐对主体位置的执着则要淡薄得多。或者说，为了完全投入并与对象产生合一性认同，女性往往会把自己虚化，从而获得更大的享乐。这被称为"他者的享乐"。

因此，宅男倾向于（"对幻想"影响下的）"角色萌"[1]，重视的是恋物式地拥有角色本身，强调"拥有"的重要性；宅女则倾向于"关系萌"，更注重对角色或角色关系做合一性认同，强调"变身代入"。这反映出男性和女性在"性欲"（sexuality）上根源性的不对称。

例如耽美作品里经常出现男性角色之间的性行

1　萌：ACG 文化常用词，源自日语"萌え"，指对角色可爱特质的审美投射，既可用作形容词也可用作动词。

为场面，女性读者在阅读时，既可以合一性地认同攻方（主导控制方），也可以合一性地认同受方（被动接受方）。这与男性只能认同于男性角色形成鲜明对照。

那么，为什么女性读者钟爱男性之间的浪漫爱的题材呢？这里就不详细展开了。我认为这并非源于女性主义意识。相反，更像是基于快感原则的纯粹功能性需求。

这是什么意思呢？首先是为了彻底排除故事里的女性角色。在享受纯粹的关系性时，女性角色只会成为一种杂质，其正好与读者同性别，容易诱发女性视角的认同，这在追求自由自在的合一性认同的过程中，反而会成为绊脚石。其次，由于身体结构，一个男性可以身兼攻方和受方。所以只有在两个男性角色之间，才能自由自在地展开"攻与受"的纯粹且可逆转的视角变化，这点很重要。

茧居男性主动断绝与社会的联系，同时也会因为没有异性关系、没有异性交往经验而感到自卑。他们看似选择了自我孤立，但在接触异性方面却无法彻底死心。很多描写茧居男子的小说里，都将与女孩的关系设定为脱离茧居状态的契机，这绝非偶然。事实上，这种关系确实能够帮助一个茧居者走入社会。

另一方面，对于茧居女性来说，异性关系也可能成为摆脱茧居的契机，但问题是并没有那么多茧居女性"期待"这种异性关系。她们中的许多人对男女性爱关系不感兴趣，甚至表现出厌恶或恐惧。

列举宅女和茧居女性的事例，我想说的是，不是所有女性都像男性那样，无一例外地受到"对幻想"的压制。

漫画家吉永史经常使用"恋爱教"这个词。在这里，我们可以将它看作"对幻想"的近义词，它指的是一种幻想——年轻人无论男女都在渴望恋爱。在我的观察中，恋爱教信徒似乎以男性居多。

不用说，女性中也有相当多的人是虔诚的恋爱教信徒，同时，也有相当多的人完全不受其影响。女性更相信并选择一种态度——活在世上未必一定需要异性。而男性，绝大多数人无法坚定这种信念。当然也有一些男性出于"吃不到葡萄嫌葡萄酸"的心理做出了否定。

从这个意义上说，男性对"被阉割"的恐惧，可能远远超出女性的想象。女性的性能力不会出现无法逆转的丧失（绝经仅仅是生殖功能的丧失，与性能力无关），男性却有可能因为阉割或不举而丧失性能力。如果这种事态是最令男性感到恐惧的，那正好说明他们将现实中的性爱关系看得多重。

现代女性的自我意识

前面讲述了女性特质的建立和嫌恶女性的普遍性，下面讲讲现代化带来的厌女现象。

江藤淳在《成熟与丧失》中写道，现代女性所厌恶的是既需要当母亲，又需要当女人。她们被迫像儿子一样生活，需要在学业上成为赢家，或取得社会意义上的成功，这种强加在她们身上的现代性束缚，使得她们更加疏远父亲，同时也让她们获得了一种视线——注视着自己的母亲，为母亲羞耻，因为母亲拥有那个"令人感到羞耻的丈夫"。

她们想像男人一样离开家，像男人一样"起航"，这些归根结底出自一种"作为女性"的自我厌恶。我在前面讲过，对时子而言，作为母亲或者作为女人，两种选择都是她厌恶的。

如果说这就是"现代性"在女性心中深深埋下的最深层情感，虽然这种说法过于泛化，但从某种意义上讲，嫌恶自身的女性身份，是所有生活在现代工业社会里的女性的共通情感。

就是说，女性嫌恶自身的女性特质。大塚英志也曾说过，少女漫画等亚文化作品清晰地展现了这种嫌恶逐渐出现的过程。

如前所述，嫌恶女性的情感常常表现为对女性身体的厌恶，也关联到进食障碍在内的各种病理。这种身体性，也关联着母女关系。具体地说，这种态度可以表现为：虽然在个体层面上相互认同，但因为共有女性的身体而产生厌恶。当然我可能将事情过度简单化了。我想表达的核心是，母亲看向男性－儿子的视线相对简单，看向女儿的视线中则蕴含着更复杂的纠葛和矛盾。

下面稍微探讨一下这种情况的产生背景：

在日本家庭中，孩子进入青春期之后，家长的应对显得十分笨拙。亲子关系在孩子进入青春期之前还能自然而然地形成，进入青春期之后，关系突然变得困难重重。结果是，许多拥有青春期孩子的家庭，父母除了用演技扮演父母角色之外，没有别的办法。

为什么会这样？其中一个原因是"性"。青春期是孩子作为一个"性主体"逐渐成熟的阶段，但是，性在亲子关系中依然属于不可言说的禁忌。即便父母能够对孩子传达诸如性教育之类的信息，但这并不意味着就能将孩子认同为一个性主体。在很多亲子关系中，尤其是母子的关系中，青春期之前的相处模式原封不动地延伸到青春期之后，这种情况十分多见。

从精神分析的意义上说，母亲与儿子的关系往往长时间地停留在回避"阉割"，或者否定"阉割"的状态里，比如茧居家庭中母亲和儿子之间的过度密切关系。即使没有发展到茧居的程度，例如母亲对三十多岁的儿子仍使用小时候的亲密昵称，或向他人介绍时说"我家小孩"，这种情况也不少见。背后反映了母亲的欲望——试图否认儿子作为性主体正在走向成熟的事实。

让我们回过头来从这个角度看一看母女关系。首先，女儿的性成熟过程更容易得到确认，这就是月经初潮。伴随着初潮的到来，家庭中开始进行性教育。母女之间的性教育比男性之间的更加缜密和充满细节。男性在儿童期到青春期的过渡往往比较模糊，女性的性教育则通过家人之间明确的语言阐述，成为家庭中的共通认识。如果借用上面的句式，可以说，初潮到来时母女关系就完成了阉割，转变成了另一种关系，这肯定会成为母女关系中的"距离"。面对逐渐成熟、拥有了性的身体的女儿，母亲会对这种女性身体感到厌恶。而女儿，一边厌恶与性相关的所有事物，一边也厌恶着母亲，因为母亲是成熟的最终结果。母女关系由此变得复杂。尤其到了现代，"女儿"被置于原本"儿子"的位置上，处境变得更艰难了。

母亲对女儿的"无条件认同"是建立在亲密和厌恶的基础上的。亲密和厌恶，来自她们共有一个作为性主体的女性身体，这又让亲情变得有条件。比如在有茧居或进食障碍问题的家庭中，许多母亲表面上对子女的生活持宽容态度，却往往在小事上挑剔辱骂。

而女儿全面依赖母亲，不得不通过自己的女性身体来认同母亲，这样的母亲让女儿感到厌恶，因为无法逃离与母亲的相连，女儿也厌恶自己的身体。

进食障碍和割腕等自残行为的一部分起因，就在于此。

以下，将从永田洋子[1]的事例来看看现代化进程中所导致的厌女问题。

大塚英志在一篇讨论到联合赤军[2]的代表人物永田洋子的文章里，援引了江藤淳的观点，非常动人地描述出了永田洋子"转变方向"的故事。下面摘选一些大塚的观点：

> 永田她们在作为"女儿"的同时，被赋予了"像儿子一样生活"的"自由"或"枷锁"。她们都是受现代思潮影响的最早的一批女性，（中略）她们感受过母亲以自己丈夫为耻的视线，身为女儿，与母亲同性，不得不背负上这种视线。她们为拥有这种"丈夫"的母亲而感到羞耻，这种情绪最终转化成了对自身女性特质的厌恶。
>
> ——《她们的联合赤军》

---

1 永田洋子（1945—2011），日本新左翼活动家，联合赤军的副委员长。
2 活动于 20 世纪 70 年代初的日本极左恐怖组织。

大塚认为，永田洋子的情况更为复杂。

永田一面厌恶自身的女性特质，同时也切断了从厌恶中脱身的退路（或者说，她拒绝了作为代偿的二十世纪八十年代消费社会式的享乐）。

永田洋子双重否定了（被否定？）女性特质，同时又强烈渴求一种对自身女人性的全面肯定。大塚将视线投到永田洋子在狱中画的那些出人意料的"可爱的""充满少女情调"的插画上。

永田洋子在狱中最开始画的是花朵的精细素描。她在手记中写道，拘留所允许画这些画是有政治意图的，不过大塚认为，她这么说只是撑面子遮羞而已。后来，她开始模仿浮世绘，继而模仿大和和纪的少女漫画，之后开始创作"充满少女幻想气质"的插画作品。大塚注意到这个转变过程，他认为其中展现出：永田洋子不断追寻着男性（或现代左翼思想）语言对她的肯定，屡遭挫折后，最终找到的是一种脆弱却积极的自我形象，从中获得了拯救。

上面谈到的现代女性的困难处境给母女关系投

下了深重阴影。除了前述的双重束缚式的过度密切之外，在母亲和女儿的关系里，还存在"爱"和"认同"未必一致的问题。

身处政治争斗中的永田洋子，不得不使用暴力否定了自身的女性特质，而她在狱中画的插画，无疑又是对女人性的回归，让人联想起弗洛伊德说过，女性的俄狄浦斯情结会持续一生，这无疑与女性身体的特殊性有关。是的，永田洋子在尝试的，是通过插画描绘少女身体，并非叙述少女的故事。仅从这一点出发就认为她所追求的是通过身体来肯定女人性，是不是过于牵强？

前面讲过，母女关系或者女性个人，在初潮到来时完成了某种意义的"阉割"。月经可以被看作反复的阉割。对于女性而言，身体始终是阉割的契机，同时紧密连接着嫌恶母亲的情感。

在我的临床经验里，母女冲突较为强烈的案例中，容易出现女儿的月经不调（包括情绪低落）。这些非器质性病因引发的月经不调，也可以看作是一种否认阉割的症状表现。

母女关系中的双重束缚作为阉割的契机，起到了强有力的作用，导致的最终结局或者是彻底分离，或者是形成更彻底的过密关系。如果只拿茧居为例，这种更彻底的密切关系有时会引发家庭暴力和攻击性，所以密切关系也不过是一种"否认阉割"罢了。

二　母性的强制

"母性"究竟是什么

接下来，要在女性困难之上再叠加"身为母亲的困难"，集中探讨现代社会中"母性"的形态和意义。

究竟什么是母性？所谓"母性本能"真的存在吗？

以拉康派的精神分析为依据，我不承认一切"本能"。所谓本能，是遗传基因层面上预设的行为模式，比如蜜蜂的舞蹈、鲑鱼的溯游，无须经验和学习就能完成，这种天生行为可称为本能。

"本能"一词最常被提及的领域之一，就是"母性本能"，指的是雌性动物为了养育或保护幼崽的自发性行为模式。那人类是否也有同样的行为模式呢？

法国思想史学家伊丽莎白·巴丹德[1]对所谓的人类母性本能做过彻底批判：

母爱是本能吗，还是只是时代造就的观念？追溯母亲对待子女态度的历史变迁，会发现一些奇妙的事实。十八世纪，巴黎每年出生的两万一千名婴儿中，只有一千名是生母亲手抚养的，另有一千名由住家奶妈照顾，其余孩子则被送到寄养家庭。其中很多孩子没有见过亲生母亲便夭折了。这种在十七世纪出现，十八世纪普遍化的弃婴现象，到了十九、二十世纪，转变成了母亲为了孩子奉献自我的主流叙事。这种时有时无，或正或负，甚至归零的母爱，能称为本能吗？回顾过去的四个世纪，我们会发现，一百五十年来，从提倡母亲为孩子献身的卢梭，到只将母亲视为孩子的核心影响的弗

<hr>

1　伊丽莎白·巴丹德（Élisabeth Badinter，1944— ），法国女性主义作家、历史学家。代表著作有《女人与母亲角色的冲突》。

洛伊德，都为塑造相似的女性形象做出了贡献。到了现代社会，越来越多的女性希望展现自己的全面人格，母爱或许与父爱一样，并非本能，而是一种后天添加的爱。

——《爱之外》（*L'Amour En Plus*），1980

当然，就算巴丹德列举的数据是真实的，能否直接引导出"母性本能并不存在"的结论仍然有待商榷。这些数据可以导出结论——母性本能是社会文化建构的产物；同样也能推导出相反结论——社会文化抑制了母性本能。

对"母性本能"的质疑

如果用统计数据构建人的心性，很容易得到类似亚当·斯密"经济人"（economic man）的中空模型——一个无法引发任何共鸣的抽象概念。经济人也称实利人，是经济学中的人类模型，假设人类是只依据自己的利益得失行事的完全理性的存在。这种假设在经济学中是方便的，但几乎没有人认为这个模型与自己切身相关。

承认或否认母性本能，都必然会极具政治色彩。女性主义者彻底批判"母性本能"这个词，因为它是长期以来压迫女性的一种本质主义的工具。

　　精神分析学的立场同样也以否定这种本能为出发点。说到底，精神分析本身就是尽可能地与基因和大脑保持距离来探索"人"是什么，所以选择这种立场也是顺理成章。

　　亚文化经常是怀疑的先行者。例如永井豪的漫画《小进大惊魂》便是关于这一主题的惊悚名作。故事讲的是，某日大人突然开始杀戮孩子，母亲暴力打死孩子，警察向孩子开枪，学校老师杀死学生，场景中充满了哀号与绝望。

　　有一个场景给人留下深刻印象：一群孩子试图逃离杀戮，讨论为什么会发生这样的事情，一个显然是优等生的眼镜少年认为人类是有母性本能的，其他少年反驳说，有谁亲眼见过母性本能吗？也许它从一开始就不存在。尽管如此，主人公小进仍选择相信母亲。他回到家，母亲面带微笑，毫不犹豫地朝他的脖子挥起了菜刀。

　　这部作品带来的震撼因人而异，其程度取决于观众对母性本能这种幻想依赖的深浅。我自己在二十多年前读到这部漫画，几乎形成了一种创伤性体验，至今都清晰记得情节和主要场面。

无条件信赖母性本能的，其实是孩子自身。孩子作为一种极其脆弱的存在，只有坚定不移地相信血缘关系的绝对性，相信母亲无条件的爱，才能获得内心的安宁。从我的经验来看，这种对母性的依赖，男性比女性更为强烈——也许这是日本特有的现象，毕竟日本是恋母大国。相比之下，女性在更早阶段便对母性产生了怀疑。

实际上，母性的意象并没有太久远的历史。十八世纪法国思想家让 - 雅克·卢梭在塑造近代母性意象方面扮演了重要角色。卢梭认为，"人类最初的教育依赖于女性的照料"（《爱弥尔》），他彻底批判母亲的自私自利，并将教育和管教孩子的责任完全归结到母亲身上。

理想的母亲形象，本质上包含着奉献、受虐倾向和被动性。那些不专注于抚育子女或拒绝成为母亲的女性，其存在本身都遭到了否定。卢梭要求所有母亲都为孩子完全奉献，无形中在许多女性心中植入了罪恶感。

从中我们或许可以看到，现代化从"嫌恶母性"

到"嫌恶女性"的契机（巴丹德随后还批判了弗洛伊德，她对弗洛伊德的理解似乎过于简化，我不能完全同意）。实际上，正是在弗洛伊德-拉康的理论框架下，母性本能才首次得以彻底否定。

从母亲的角度看母女关系

大家读到这里可能察觉到了，母女关系的问题总是以女儿视角来进行描述。从双方角度谈一段关系自然是理想的，却并非易事。一般来说，母女关系总带有不对称性。说得偏执一些，母女关系呈现出的图式，总是"母亲＝加害者，女儿＝受害者"。如果这里有问题，那么大多是受害者提出控诉也是可以理解的。女儿因为母亲的控制而苦恼，母亲往往对自己的支配行为毫无自觉。所以，母女之间的问题看上去只能从女儿的视角才能被观察到。

说到底，"我生了你""我是你生的"这两种意识无论在哪种意义上都是不对等的。前者拥有身体感知（你让我那么疼过），能做出理所当然的宣言；后者未必有这种感知上的自明，"我是你生的"这种自觉并非来自身体感知。

有人说，一个人可以明确地知道自己是母亲所生，但是不是父亲的孩子，则始终模糊。从孩子的角度看，实际上差别不大，父亲或母亲的身份都是被告知的事实，缺乏确凿证据。

　　"这个人是我母亲"的确信，必须通过"是我生了你"的反复宣告才能建立。所以，接受母女关系，从某种意义上说，就是接受不对称性，认同支配与被支配的关系。

　　也许有人会指出，母子关系难道不一样吗？不一样。儿子总是能够站到支配母亲的立场上。儿子作为"致孕的性别"，甚至可以让母亲为自己生下孩子，这种关系的不稳定因素始终存在。女儿则不具备让关系发生反转的可能性。女儿能做的，最多是"反抗"，或者"离开"。

　　当然也有在茧居的事例中，女儿通过暴力支配母亲。不过仔细分析就会发现，这种支配蕴含着悖论。比如女儿通过幼童式的退化行为让母亲言听计从，这种行为实际上强化了依赖关系，从而间接承认了母亲作为支配者的地位。

　　儿子也可能存在类似关系。但儿子能通过不同的方式，无须退化就实现对母亲的支配。如果女儿试图真的"报复"母亲，就只能站在母亲的立场上，用同样方式支配自己的女儿，如此延长支配的连续性。

显而易见，每个母亲也都是女儿。一个母亲生下自己的女儿究竟是一种怎样的体验，对我来说一直是谜，让我非常感兴趣。

哈丽特·勒纳[1]在《妈妈的意义：孩子如何改变你的一生》一书中，基于自己的经历，细致分析了女性生下女儿的体验。作为一名儿童教育方面的心理学者，尽管她深刻理解"成为母亲"在理论上意味着什么，却依旧不得不给出这样的结论："在我们有孩子之前，根本无法知道孩子会在我们内心深处引发怎样的变化。"

勒纳在实际养育孩子的过程中遇到的苦恼便是"控制"，这是母女关系很多冲突的发生根源。作为母亲，到底能在多大程度上控制自己的孩子，围绕着这一点，勒纳写道：

"母亲感受到的痛苦和悲伤，大部分源于我们坚信自己应该控制孩子。"

1　哈丽特·勒纳（Harriet Lerner，1944— ），美国女性心理学家，以女性心理与家庭关系方面的研究见长。

而怀孕和分娩是无法控制的事。

"关于是否要孩子，我们无法做出完全理性的判断。女性可能因为非理性和下意识而选择要一个孩子"，因此，"怀孕是学习屈服和脆弱性的课程"。

问题的开端在于怀孕和分娩本身无法控制，这个事实常常将女性引向一种恐惧："害怕自己会变得和母亲一样"。这种恐惧或许会在她们经历怀孕和分娩、成为母亲的那一刻达到极致。控制的不可能性也意味着，即使会变得和自己的母亲一样，但也无法回避和摆脱。

或许，正是因为这种恐惧过分强烈，许多女性在不知不觉间"复制"了自己的母亲。通过生育自己的孩子，反复确认自己母亲行为的正确性。所谓"养儿方知父母恩"，也许讲的就是这种反复确认。

亲子之间的情感纽带

某杂志邀请哈丽特·勒纳写一篇关于女性人生转折点或关键时刻的文章。在漫长思考后，勒纳想起的唯一一个瞬间就是抱着刚出生的孩子，离开医院、回到家的那天。

> 我抱着马修，和斯蒂夫（丈夫）一起跨过医院的门槛，踏入外面世界的那一刻，我的人生发生了真正的变化。

> ——《妈妈的意义》

接着，她用很多细节描写了当时的自己如何无助，如何无知，险些做出方向错误的努力。那时的她无法控制局面，如果没有医院工作人员或经验丰富的朋友们的建议，她几乎什么都做不到。

勒纳之所以强调"控制"，是因为事实上她一无所控，但在大多数情况下，人们都认为母亲对家庭控制负有百分之百的责任，而母亲们往往也相信了这一点。

勒纳提到，她曾对儿子发育迟缓的问题感到强烈的责任感。对于许多母亲来说，这种感受异常强烈，甚至会压倒理智的判断。

母亲与孩子的关联是高度情绪化的，同时也具有身体上的依赖。来找勒纳咨询的母亲们，毫不掩饰地讲述了与育儿有关的身体和情感体验。她们谈到，生育后如何不再愿意与丈夫上床；养育一两个孩子后，乳房如何变得松弛甚至几乎消失。她们在话语间流露出的，是抑制不住的愤怒、深深的麻木与无兴致，以及充满爱意的温柔情感，这些都是婴儿带来的强烈情绪。母亲们告诉她，当婴儿哭个不停时，她们甚至想过把孩子从窗户扔出去；但也是这些母亲在诉说，如果孩子真的发生不幸，她们绝对活不下去。

勒纳从这些倾诉中感受到的是极度的保护欲——母亲们对孩子健康与安全的执念，以及她们发现自己无力实现这个目标时难以承受的痛苦。

毫无疑问，亲子关系因为有过如此强烈的情绪而变得极其特别。在这种关系内部形成的责任感，是局外人不敢轻易评论的。

对于儿子的发育迟缓，勒纳的反应是焦虑不安，并与持乐观态度、尽量不担忧的丈夫发生了冲突。在她看来，丈夫总是试图打断她的情绪，即便发生了值得担忧的情况，也显得波澜不惊。勒纳也承认，她频繁而过度地表达情绪，斯蒂夫以包容的态度让她可以始终处于一种"无须压抑想说便说"的状态。

就这样，许多母亲在育儿过程中，逐渐承担起"做出情绪反应的人"的角色。与孩子出生后依然在全职工作的父亲相比，母亲要花更多时间和孩子在一起。这进一步刺激了她们的责任感。

虽然理智告诉她们不应承担起所有责任，但她们仍然无法摆脱这样的想法："在怀孕时，脱落的是**我的**胎盘；被证明不足以信赖的，是**我的**身体。"母亲总是觉得任何事情的责任都在自己身上，不断怀疑自我。多年后，勒纳与家人谈起当时的情景时，得知她的母亲也因为马修（勒纳的儿子）发育迟缓而默默自责，因为是她让女儿在怀孕时坐飞机过来看她的。

读到这里不难发现，怀孕期间发生的各种事都会深刻塑造母亲的意识。这种过剩的责任感显然是由母亲所处的社会的政治文化环境带来的。经历了这一系列的体验后，许多母亲被高高吊在一种矛盾里："即使我感到自己非常无力，控制不了任何事，但仍不可避免地被别人视为全能的母亲。"这让她们即便在理智上明白这种责任感并不合理，仍然不自觉地被"我应该对所有结果负责"的观念紧紧束缚。

我们必须承认的是，是我们自身煽动了母亲们的过度责任感。从"坏母亲理论"到"三岁定终身"的说法，一直以来，我们自身就是"母亲＝罪魁祸首"论的信徒。勒纳提到，怀孕时，她在杂志上读到的一名精神科医生的言论让她内心受到很大冲击：

"如果母亲不欢迎腹中的孩子，胎儿真的会在子宫里自杀。"

无论在哪种情况下，将责任归于母亲都比归于父亲容易得多。因为母亲们不用等"专家"定罪，她们已经低下头，送上自己的脖颈，准备接受惩罚。她们不会为自己辩解，甚至会主动列举自己的"罪行"。像这样理想的"替罪羊"，恐怕很难在其他地方找到。

可以说，在茧居的实例中，随处可见像这样深受过剩责任感压迫的母亲与始终不愿正视的父亲。很多茧居者对他们的母亲施加严重的身体暴力，母亲们仍然不放弃他们，更不会将他们逐出家门。哪怕每天被打、被踢、满身伤痕，她们依然选择包容和忍耐。在我看来，这些忍耐并非百分百出于爱，其中还隐藏着对孩子人格的责任感，以及对孩子的"控制渴望"。如前文所述，这种倾向在母女关系中往往更为强烈。

近年来，广泛性发育障碍[1]的诊断异常流行，我觉得其中不少事例有滥用病名之嫌，但对此没有做过太多指责。因为有了这样一个病名，许多母亲就可以从过度的责任感中解脱出来。为了她们不被道德十字架压垮，不得不谨慎对待有些令人怀疑的话，这仅是政治性的判断。既然母女关系本身已经充满了"政治色彩"，我妥协也是没有办法。

勒纳的书中还有许多富有启发的观点，关于母女关系，"无限的责任感"一项或许是最重要的，这可能也是母女关系与父子关系最大的区别之一。母亲对女儿的控制欲并非单纯出自权力欲望，至少在最初，这种控制来自对女儿问题的无限责任感。

孩子长大后，责任感往往会转变为期待。母亲意识的一体两面，即自己是一切的起点（过去），女儿是所有的希望（未来）。是的，充满控制欲的母亲的意识由两种"过度"构成：过度的责任感与过度的期待感。

---

1 指儿童早期显现的社交困难、语言沟通障碍及重复刻板行为等神经发育问题的统称，涵盖自闭症、阿斯伯格综合征等类型。

婆媳关系中的"移情"

我的妻子是皮肤科医生，她在接触众多患者的过程中发现了一个现象：虽然婆媳不和司空见惯，但偶尔会碰到关系融洽的婆媳，多数时候，这样的婆婆往往没有亲生女儿。

当然，这种私人性的感悟无法推断出普遍性结论。确实，婆婆如果有自己的女儿，小姑子的存在容易让关系复杂化。如果丈夫是家中独子，婆媳间又容易出现竞争。即便扣除以上因素，这个感悟还是具有启发性的。

这里面涉及"移情"的问题。

通常认为，随着经验的积累，人会变得越来越聪明。然而，有时候正是因为某些经验，反而可能一再重复相同的错误。例如"虐待的连锁反应"，有过被虐待经历的父母，可能也会虐待自己的孩子。这个观点有些夸大，也存在很多例外，不过确实适用于许多实际案例。

虐待只是一个极端的例子，类似的现象在人际关系中屡见不鲜。尤其是在亲子关系中，扭曲关系常常会以不同的形式反复上演。

精神分析术语"移情作用"（transference），存在各种不同的解释，在这里，我采用最普遍且易懂的解读，即"将过去的人际关系再现在新的对象上"。例如，某个女性喜欢上一个年长且保护、引导自己的男性，可以说她对该男性产生了"父亲移情"。或者，当一个女性对教师或治疗师产生恋爱感情，解释为"父亲移情"有时会比较容易理解。

同样的现象也发生在男性身上。正如人们常说，男性对护士或妻子抱有某种依赖心理，实质上是将对母亲这个角色的情感移情到了对方身上，即所谓的"母亲移情"。

听了妻子的感悟后，我注意到，移情的问题或许不仅仅发生在子女身上。如果说对待子女的方式可被视为重现与父母关系的一种移情，那是因为亲子关系是人一生中最初的人际关系。对母亲来说，与女儿的关系同样是她的"初次体验"，有可能成为移情的原因，并不奇怪。

或许，婆媳关系之所以容易恶化，其中一个原因在于婆婆将与女儿的矛盾投射到了儿媳身上。儿媳则可能通过"负面的母亲移情"进行反击，从而使关系更加紧张。如果从这个角度来看，可以说某些婆媳关系具有母女关系"回归比赛再度交锋"的性质。

如果说婆媳问题是由"移情"导致的，这也间接反映了维持一种适度的母女关系多么困难。勒纳还谈到青春期之后的母女关系，她认为母亲对女儿的影响几乎是决定性的。她在几所高中所做的调查结果显示，女儿们对母亲的感受往往如下：

母亲的态度通常存在两极化的倾向，要么过度关心，要么冷漠疏离；要么过于严厉，要么像朋友一样过于亲密；要么一切都不教，要么教得太多；要么完全没有期待，要么给爱附上条件；要么缺乏共鸣，要么过于一体化。

想保持一种"适度"的态度，对母亲而言，或许可以试着询问女儿："如果你当妈妈，哪些事情你会和我一样去做？哪些事情不会做？"此外，反思一下自己与母亲的关系也很重要。如果一个母亲总是对自身的母亲敬而远之，那么女儿很可能回报以同样的态度。

完美的母亲并不存在。"几乎所有的女儿都会在某个时刻对母亲感到失望，因为在育儿过程中，没有一个母亲能满足那些不可能实现的、令她精疲力竭的期待。"勒纳这样说道。那么，该怎么做才好呢？

勒纳的建议是："母亲能够送给女儿的一份伟大礼物，就是尽可能过好自己的人生。这也是我能送给儿子和自己的礼物。"

这确实是一条无可挑剔的建议。然而，我却无法忽视这些话语中某种令人不安的欺瞒性的东西。母女关系的困难往往源自母亲对女儿的过度同一性的认同。对某些母亲来说，控制女儿，就是"过好自己人生"的体现。

这不是挑刺，我认为这种情况相当普遍。对于这样想的母亲，又有谁能够指责她"这并不是真正意义上的'过好自己的人生'"？

第四章

从共有身体到共有意识

不管是用工资为母亲买的礼物，
还是邀请母亲一起旅行，
都无法让母亲感到满足。

任何母亲都一样，
她们向女儿要求的是穷尽世界也
无法找到并给予的东西——
替母亲重新活一次。

一 身体相连的母亲和女儿

对女儿肉体的欲望

读完以上章节，想必读者已经充分理解了"弑母"的困难所在。本章将基于之前的讨论，从"身体"的视角来探讨"弑母"的不可能性。

首先，我想介绍楳图一雄的杰作《洗礼》。本书引用的众多涉及母女关系的漫画作品中，这是唯一的男性作者作品。作者用惊悚刺激的手法描绘母女之间的身体相连，在这个主题领域里，这部漫画可谓达到了无可比拟的高度。

作品中的主角是被称为"永恒的圣美女"的女演员若草泉，随着年龄增长，她开始恐惧自己的美貌逐渐衰退，尤其额头上浮现出的丑陋瘢痕让她非常烦恼，几乎无法承受。最终，为了应对这种恐惧，她想出了一个骇人听闻的解决办法：与萍水相逢的男子生下一个女儿，取名为樱，然后将逐渐长得肖似自己的樱的身体据为己有。她计划在女儿长到足以进行脑移植时，将自己的大脑移植到女儿的身体中，从而完全占有她的肉体。

想法虽然离谱，但移植手术成功了。泉占有了樱的身体，为了不引起周围人的怀疑，她学习了樱的习惯，从小学开始读起。

很快，泉看上了樱的老师，把老师视为理想男性。为了勾引他，泉用诡计欺负同学，一度将老师的妻子赶出家门。小学女生的弱小躯体与内在邪恶智慧之间的差距是这部作品最大的魅力之一。

故事的最后部分，意外地隐藏着一个关于母女关系的重要主题——母亲想要支配女儿的欲望最终可能是想要占据女儿的身体。说得更深入些，便是在母女关系中，共有身体等同于共有意识。

听起来可能有些突兀，但一般来说，若要讨论"人际关系"，是无法脱离身体性的。"关系"一词也可暗示肉体关系，这绝非偶然。但这只是我的直觉，难以提供足以经得起验证的依据。反倒是在互联网发达的当代，到处可以看到脱离身体性的"人际关系"。然而在我看来，这种"伪"关系的泛滥，让我们愈发意识到身体性在关系中非常重要。

这里所说的"身体性"，也可以用直接面对面的"现实性"或"现场性"来替代。身体出现在眼前，是关系性的必要条件。即使做出妥协，把身体意象算作身体性也可以，但纯粹心灵之间的关系，即不介入任何身体性的关系是不存在的。

即使是仅通过书信或电子邮件维系的关系，也始终需要身体性的在场，比如得有对方的照片或者某种形象。即便在社交网络媒体（SNS）或博客等虚拟空间中的交流情境里，我们仍然需要一个替代身体的"虚拟形象"（即作为网络分身的自我人设）之存在。

虚拟形象是否与本人相似是无法判断的。即便如此，我们也无法不对交流语境中出现的"身体"作出反应。

如果将关系中的身体必要性放置到性爱的层面，我们会发现，其中总是存在男女之间的不对称。是的，男性被赋予主动性，女性则被置于被动性的角色，这首先是由生殖器官的构造决定的。异性恋伴侣的关系性便建立在身体上的非对称性之上。当然，这种非对称性只是无意识的前提，在交流的层面可以被无限次反转。重要的是，无论经历多少次反转，即便女性扮演了主动角色，男性居于被动位置，非对称性的形式本身也不会被动摇。

那么，在同性关系中又如何呢？

父亲与儿子，母亲与女儿，两者之间往往存在权力争斗——围绕支配与被支配展开的争夺。两种争斗的性质一样吗？虽然在"争斗"这一点上共通，但无论是争斗方式，还是所追求的结果，似乎都完全不同。

父亲与儿子的争斗显得简单明了——一场关于支配与服从的争夺。父亲试图支配儿子，儿子努力避免被支配。这场争斗极为观念化，也非常直接。双方正面冲突，被迫让步的一方即输家。即便如此，其中依然存在一种非对称性：父亲可以持续支配儿子，但儿子很少长期支配父亲。败北的父亲的结局，通常是被儿子彻底抛弃，这便是所谓的"弑父"。

正如"弑父"一词所象征的，这种关系性简单而明确：要么被支配，要么"杀死"对方。这一点，与母女关系有着极大的不同。

母女之间的关系从不正面起冲突，相反，表面上可能完全看不到对立。正因如此，这种支配才更深地渗透进内在，并从内部悄无声息地控制对方，当事人可能毫无察觉。换句话说，这就是"两个女人之间"的方式。

第一章里介绍的那些案例，支配关系被赤裸呈现；而现在说到的隐秘的"交流地狱"，或许通过虚构的形式更容易显现。

深入骨髓的支配

角田光代的短篇小说集《恋母》以虚构的故事赤裸裸地再现了母女之间的特殊争斗。角田原本就写过像《空中庭园》或《第八日的蝉》等以母女关系为主题的杰作，这部《恋母》里的多个短篇，仿佛在为本书主题提供最直观的解读。从中挑选两篇涉及母女关系的来谈一下。

首先是《欧芹与温泉》。

某天，女儿突然接到医院的电话，得知为做胃癌手术住院的母亲说了一些奇怪的话。女儿将遇事只会含糊应对的父亲留在家里，匆匆赶往医院。进到病房，她发现母亲误以为自己正在温泉旅馆住宿，且还满心欢喜地认为是一向厌恶的小姑子邀请了她。

女儿在医院餐厅点了一份三明治，无意中把装盘点缀用的欧芹叶子剩在盘子里，没有吃。她忽然意识到，这其实是过去母亲教她养成的习惯。母亲坚信餐馆里装盘点缀用的欧芹是重复使用的，一再告诉女儿绝对不要吃。

母亲一贯偏执，且带有受害者心理，总把自己的不幸归咎于别人的恶意。然而，这些教导本身难道都是母亲的臆想或妄念吗？现在母亲因为做过手术，意识混沌，是不是反倒变得"正常"起来了呢？

实际上，女儿一直以来都认为是母亲导致她不能结婚、没有朋友。这种"将一切归咎于他人"的思维方式，不正与母亲如出一辙吗？女儿震惊地意识到，母亲对她的支配根深蒂固，深入骨髓，无法摆脱。

这个短篇揭示了母亲对女儿的支配，比父亲与儿子之间简单的支配／被支配关系复杂得多。母亲的支配并非单纯地不允许女儿反抗或批评，而是深深渗透到了连反抗和批判的方式都被掌控的程度。女儿即便想反抗，也只能以母亲所教的方式进行，但这样是无法真正"击败"母亲的。

母亲的支配以这种层层复层层的形式进行，且往往是在无意识中完成的。面对这样的支配，正面抗争几乎没有胜算。唯一可选的就是逃离，离开家，然后在另一个地方成为母亲。

再来看看另一个短篇《二人之家》。

这是一篇关于某种复仇的故事，我第一次读到这么惆怅寂寞的复仇记。主人公是一对关系密切的母女，她们彼此亲密地称呼对方"信信"和"小咕"。女儿三十八岁，母亲七十岁。两人之间通过无微不至的细腻共鸣紧密相连。无论是购物之后感觉将有好事发生的心情，还是礼物盒上的丝带，新书散发的气味，"不懂他们这些男人"的感慨，母女二人都能共享。

她们之间没有任何隐私。女儿甚至当着母亲的面试穿刚买的内衣。她们外出逛街，看起来如同"孪生"。

女儿还有一个妹妹，妹妹的人生与姐姐完全相反，她总是对母亲做出激烈反抗，因为母亲检查她的日记和信件，擅自挂断男孩打来的电话，对她的人生规划指手画脚。妹妹最终选择离开家，早早结了婚，以放任不管的方式抚养自己的几个孩子，为与母亲同住且甘愿受母亲控制的姐姐感到担忧。

从姐姐的角度来看，妹妹可笑至极。因为妹妹所做的一切，都只是和母亲逆着来而已，说到底还在母亲控制之下，只不过换了个形式罢了。姐姐选择的是完全相反的方式：主动与母亲达成同一化。

姐姐有过一个差点订婚的对象。但就在即将订婚之前，母亲突然反对，挑剔对方买的戒指太廉价、双方父母见面时男方一家的态度不好，最终导致婚约告吹。起初母亲劝姐姐结婚，但又转而贬低对方，这种矛盾态度让姐姐意识到，"母亲把我当成了她自己"，所以母亲的话语中常常充满矛盾。

"当我站到母亲的视角，一切显得那么可笑而无聊，又相当舒服。母亲把我当成她自己，肯定就在那一刻，我也把自己当成了母亲。我们超越了遗传基因，相似到令人惊讶。"

姐姐压抑着很多情感，例如对独立女性的羡慕，同时通过将独立女性视为"妓女"，找到内心的平衡。无论是婚姻，还是外面的世界，对她来说都没有意义。姐姐这样认定着，却也幻想母亲不在后的场景：想象中的她站在镜子前，穿着昂贵的内衣。这种想象让她感到胜利。她究竟战胜了什么？大概是自己的人生吧。

仅像妹妹那样反抗，并不能摆脱母亲支配。姐姐所选择的是主动与母亲同一。当完全同一化时，那些无法彻底同一化的"余剩部分"便显现出来。而这"余剩部分"，才是她真正的欲望，是独属于她的世界。

父亲作为一种幻想性的存在

角田光代的作品通过描写男性难以理解的母女间的细腻共鸣，展现了母女关系的本质，这种描写极具真实感。当然，身为男性的我可能不能完全理解这种"真实感"。不过可以肯定的是，在母女关系中，深层次的联系一定与身体性息息相关。

特别是在《二人之家》里，作者毫不留情地描写了近乎百分之百的共鸣会带来窒息的紧密关系。这种关系甚至让人觉得，别看男性的迟钝有时不好，在女性之间的共同体中，这偶尔也会成为一种解脱。

支撑母女共同体的，是感官性的共鸣，是通过身体实现的同一化。我毫不怀疑，这种过度的共鸣与同一化，会给母女关系带来亲密，也会带来困境。

为了验证以上想法，我们再来看小仓千加子的小说《梦魇》。这部作品形式上是小说，里面随处可以读到小仓千加子的一贯理论，与其说是小说，称之为论文更为贴切。在故事中，小说家"我"接连收到署名为"梦魇"的读者来信。写信人似乎是一名女大学生，在为母女关系烦恼。

可以说，这部小说的主题正是"身体"。

母亲和女儿因同为"女性的身体"而形成一种无法回避又互相排斥的关系。这或许是只有女性才能理解的感受和关系，在小说开篇就被直接点明：

> 母亲有实体，而父亲是想象中的亲人。只有母亲知道孩子的父亲是谁，父亲只是被母亲指认为父亲的人。（中略）母亲是"肉体之亲"，父亲是"精神之亲"。

精神分析为何要讨论俄狄浦斯情结？为何重视"父之名"？因为在人的幻想中，"父亲"的功能根深蒂固。如小说中所写，父亲作为一种幻想性的存在，并没有无可置疑的"自然"的依据。自然界中不存在"父亲"，父亲只有在人类社会里才能主张其存在。或者说，在人类社会中，父亲的功能反倒被过分夸大了。相比之下，母亲本身就是自然。

> （叫作"母亲"的）"肉体的存在"会给孩子哺乳。我们从母体的两个排泄器官之间出生，又靠本能吸吮母亲的体液维生。

不过仅凭这些，还不能定论父亲是幻想，母亲是现实。正如在第三章中提到的，母亲当然也和父亲一样，是一种幻想。但母亲幻想根植于肉体，因此比父亲更加贴近，甚至强烈到无法忽视的地步。而父亲幻想则在某个时刻转化为超我，等等，变得抽象化、普遍化，难以像母亲那样一直作为贴近的存在而显现。

距离过近导致的抵触

现实中，母亲在承担养育孩子的大部分责任，夫妻离婚时，超过八成的孩子会与母亲共同生活。在这样的关系中，母亲的存在变得过于贴近，而父亲的存在则被过度理想化。

精神分析学家克里斯蒂安·奥利维耶（Christian Olivier）指出：

> 只要承担养育孩子责任的成年人依然主要是女性，针对女性的嫌恶情绪就会继续潜藏在男性和女性的内心深处。（中略）所有的孩子，无论是女孩还是男孩，都会通过反抗女性，也就是反抗"母亲"的权威，来逐渐确立自己的个性。
>
> ——《母亲和女儿的精神分析》

对母亲的反叛，常常会让女儿的立场陷入混乱。这也是关于自恋的混乱。

自恋情感通过获得异性家长的爱而得以培养，因此，作为唯一养育者的母亲或其他女性角色，虽然能够培养男孩的自恋情感，却无法确立女孩的自恋。

如奥利维耶所说，现实中的"父亲"即便深

爱自己的孩子，相较于母亲（平均每日陪伴三小时），花在孩子身上的时间也少得可怜（平均每日五分钟）。

反抗母亲的女儿们，会逐渐抵制母亲强加过来的"女性特质"。如果父亲能够给予足够的参与，女儿们或许能够与自身的女性特质达成和解。然而通常情况下，父亲的参与并不足够，结果导致许多女儿最终对女性和女性特质抱有矛盾的情感。

奥利维耶提到，在一个有百名女性参加的讨论女性处境的集会里，全体女性一致认同的表达是："我们的父母从一开始就将我们禁锢在一个框架之中。"

试问在一场男性的集会里，所有的男性会表示"被父亲禁锢"吗？显然不大可能。这无疑彰显了母亲这一存在的特殊性。

母性的身体

《梦魇》对"母性的身体"定义如下：

> 男性的宿命，是拥有"肉欲"，而女性的

宿命，是充当"肉体空洞"，去接受"肉欲"。所谓女性的身体是肉欲的对象，为了满足肉欲而维持肉体，自身并不拥有"肉的欲望"。

这种并非欲望主体、只能作为欲望对象的身体，可以被称为歇斯底里的身体。然而，这里的"歇斯底里"并非临床意义上的诊断名，而是指一种存在状态——一种只能通过症状来证明自身存在的状态。大多数情况下，这种状态存在于女性身上，她们通过自身的症状，无意识地渴望被他人欲望。如同第三章中提到的，这种对身体的使用方式，是"女性歇斯底里"的特征。

之所以会出现这样的现象，是因为母亲对女儿的支配从非常幼小的时期就已经开始，并且双方几乎都没有意识到。因为与自己同性，母亲无意识地期待女儿比男孩更加柔弱和顺从，认为女儿理应接受她的支配。女儿也能够充分理解母亲的这种期待，并顺从地接受支配。这些都因为母亲和女儿的身体更容易同一化。

母亲对女儿的期待也表现在各种游戏里，产生深远影响。即使是像过家家之类的朴素愉快的游戏，小仓也认为是一种"成为母亲的训练"。我无法判断她的观点是否完全合理，但仔细想想，不无道理。这些游戏让人暂时忘却生活的艰辛，并让人误以为生活就像游戏一样是快乐的。从这个意义上来说，女孩的"游戏"是一种让人忘却痛苦的麻醉剂。

无止境的同一化

有时，母亲对女儿的要求未必一定是希望女儿"变得和自己一样"。相反，母亲的要求往往会逐渐升级，甚至高到不切实际的程度。例如，母亲希望女儿既能取得足以媲美男孩的成就，又能带来只有女孩才能给予的那种喜悦。

作为女性，《梦魇》中提到，女儿必须向母亲提供只有女孩才能提供的东西。

不管是用工资为母亲买的礼物，还是邀请母亲一起旅行，都无法让母亲感到满足，这是有原因的。任何母亲都一样，因为她们向女儿要求的是穷尽世界也无法找到并给予的东西——替母亲重新活一次。

这一点在奥利维耶的论述中也有所体现：

父母会在与自己同性的孩子身上看到重启人生的可能性。这些父母根据自己的过去，想象着孩子的未来，并将孩子包裹进一个"同一化计划"中，将孩子禁闭于其中。而孩子则会根据父母要求的程度，或多或少地作出回应。

原来如此。如果这是真的，那么这种无止境的欲望将永远无法满足。曾对母亲做出一定程度的让步、对母亲百依百顺的女儿，也会在某个时机感到厌倦。而这种厌倦，最初往往是一种"空虚"感。

当母亲察觉到女儿正在抗拒与她同一化时，母亲可能会废止对女儿的爱。这种担忧是女儿感到"空虚"的一个重要诱因。

"女性化＝身体性"的图式

短篇小说《梦魇》的女主人公也体验了母亲通过身体施加的控制。

主人公厌恶母亲对自己身体的控制，想要拒绝。由此她转向母亲无法掌控的领域——知性。知性被视为男性化的能力，她由此逃脱了身为女性的母亲通过身体施加的控制。

"梦魇"厌恶母亲与自己拥有相同的肉体，厌恶自己母亲无孔不入地渗透进她脖子以下的每一寸身体里。身体的内部没有意志，而身体的表面，对于年幼的"梦魇"来说，是一个还不能用意志掌控的地方。于是她唯一能做的，就是逃进自己的头脑里。

在本书第三章里，我强调过"女性特质"仅仅是表面的东西。换句话说，女性化即身体性。女性在成长过程中经过训练获得"女性化的身体"，即使在成年后，她们也需要持续关注身体来维持"女性化"。例如，对于不化妆、不注重穿着的女性，我们很可能会感到她"没有女人味"，甚至会直接说出口。等于这一刻，我们已全面接受了"女性化＝身体性"的图式。女性不得不一边认识到自身和他人的肉体，一边活着。如果没有对身体的关注，就不可能存在对化妆或时尚的兴趣。相对于男性，女性是"被观看的性别"，不得不时刻留意别人的目光。关于这一点，奥利维耶也有如下描述：

从最早期开始，便有一种观念铭刻进了婴儿的无意识里——外貌能够在他人心中激起"更多的爱"，这成了驱动女性运行的最初的记忆痕迹（engram）之一。稍后，当小女孩做了某些坏事时，她的母亲或祖母往往会说"啊，真难看，真难看！你一点都不可爱！"这些评价并没有引导孩子遵守道德法则，而是将她导向了美的法则。

小女孩在生命的早期便得到提示，美丽和乖巧是女性化的标志。然而，无论是美丽还是乖巧，都只是人们教导女孩时灌输的价值观而已。

身体性在家庭教育中的传达

如果女性对身体性的执着真的如此根深蒂固，那么能够准确教授"女性化"的身体性的，除了母亲别无他人。不难预见，通过家庭教育传递"理想的身体性"，归根结底会导致母亲支配女儿的身体，母女关系变得特殊也就不足为奇了。为了让女性成为"女性"，在这个过程的起点，总是需要接受母亲的控制。

"梦魇"的母亲也在通过这种方式支配"梦魇"的身体。正因为这种支配是字面意义上的控制，"梦魇"为了逃离，竭尽全力想变成一个彻底的"知性存在"。她看似成功了，但最终她变得再也无法正常地与人建立关系。如果勉强与人交往，她会感到空虚；如果她想保持自我，就只能远离他人。"我是一个徒有人形的空壳"，这种空虚感正是前文所述的歇斯底里式的空虚感。

奥利维耶认为："男孩能够与母亲保持一种更加自由的关系，因为母亲对男孩怀有一种俄狄浦斯式的爱，让母亲能够无条件地接纳并爱护男孩的本来状态。仅仅因为男孩性别上的差异，母亲便可以将其视作自己一场生育得来的报偿。母亲只有在对待女儿时，才会要求她符合'女性'的刻板印象。母亲用自己的期冀囚禁女儿，希望女儿去实现自己的野心。母亲如此绑缚女儿，却认为自己这种做法是正当的。"母亲通过极其个人化的经验将"女性特质"传递给女儿，让女儿在身体上认同母亲，进而实现对女儿的支配。

通过身体认同进行教育，是超越时代和地域的普通性行为，可以称之为"一时性的支配"。一时性的支配完成后，许多母亲会希望，变成了与自己同一性存在的女儿能够代替母亲重新活一遍，代替母亲修正人生。母亲们对女儿寄予高学历或事业成功的期望，由此转变为"二次性支配"。

这种支配，基于母亲发自内心希望女儿幸福的善意，甚至是一种无私奉献的善意，所以看起来与普通的支配有所不同。然而，从女儿的角度来看，无疑还是毫不掩饰的支配欲。如果母亲对自己的意图不做掩饰，女儿至少还能通过争论或说服来应对。正因为这种支配是无意识的，才更棘手，女儿会因为反抗母亲的控制而生出强烈的愧疚。

总之，母亲通过教育让女儿拥有"女性化的身体"。换句话说，就是把女儿培养成一种被动的存在，能够满足他人需求、取悦他人的存在。这种教育是在更深的层面进行的，深刻到直接影响女儿自身的欲望，因此变得极为彻底。也就是说，通过这样的教育，女儿自身会主动对女性特质产生渴望。

女性特质由身体、外表和内在本质的元素构成。例如，对漂亮的发型和可爱裙子的渴望，逐渐塑成女性的身体性。而所谓的"内在本质"，比如"温柔""文静""顺从"等，这些无非是放弃自身欲望的一种态度。即便对女性整体没有苛求，只要世界上的男性依然期待自己的妻子"文静"和"顺从"，那么这些女性特质就依然会被视为美德，不会失去地位。

针对女性的教育从起点已经包含了分裂：一方面，在外表与身体上，她们被要求成为吸引他人欲望的存在；另一方面，在本质上，她们又被要求放弃自己的欲望。如果严格执行这两种命令，就会造就出一个外表极具魅力而性格极为卑谦的、几乎不可能存在的"理想"女性。

二　女儿身体中被安装的"母亲的语言"

女性特有的空虚感

这种蕴含分裂的母女关系，表面可能十分平和，实际上却带来了"贯穿女性一生的真正无意识的核心"。分裂导致女性不可避免地会感受到某种"空虚"，这是"梦魇"所说的"徒有人形的空壳"的真正意味。

从精神分析的角度来看，空虚感的起源可以追溯到口欲期。大多数情况下，男性不会感受到这种空虚。奥利维耶认为："男性凭借性器官躲开了母亲，母亲无法将需要重新活一遍的女性人生强加给他。"

女性比男性更强烈地感受到空虚、忧郁、倦怠和孤独，并在试图表达这些感受，甚至不惜牺牲自己的快乐来为他人付出。"只要她们在给予，她们的大脑就会告诉她们：自己在内心深处并不空虚。"

正如奥利维耶所说，女性的头脑与身体常常处于分离状态。因为分离，女性的身体意识好像始终被"操控"，换句话说，女性仿佛穿上了一套"机动战士"的战体，试图按照自己的意志去操控它。例如有种说法叫"身体散架了"。我个人几乎从未听过男性使用这种说法，我所经历的使用场景全都来自女性。

患者以女性为主的进食障碍或许就是这么来的。奥利维耶想将这种疾病归结到女性特有的空虚感上。可能不仅如此。与男性不同的是，女性能够通过控制食欲和体重来增强自我掌控感。而增强自我掌控感，又可以达到更高的自我认同。

母亲和女儿的嵌套关系

川上未映子的芥川文学奖获奖作品《乳与卵》，如果从母女关系中身体性的角度去读，会觉得非常有深意。

某个夏日,"我"的姐姐卷子和她的小学生女儿绿子从大阪来到"我"在东京的公寓。卷子来东京,是想做隆胸手术,刚迎来月经初潮的绿子始终缄默,只通过笔谈与人交流。卷子离婚后以卖笑为生,独自抚养女儿,历尽辛苦。而叙述者"我",则因为在东京的工作一无所成而苦恼不已。

小说的一个重要主题就是"身体"。

"作为容器的身体"是川上未映子作品中反复探讨的主题。她自己也曾说:

"衣服能脱,身体是脱不下来的。这句话曾经是我的标语(笑)。无论是男人还是女人,都无法改变自己的身体,这种感觉很奇妙。"

这部小说中的小学生绿子,承担了明确表达厌恶"作为容器的身体"的角色。"我觉得自己被困在这个随意会饿、不管不顾擅自来月经的身体里了。""我的手会动,脚也会动,即使我不知道该怎么动它们,它们也竟然可以这样动,多么不可思议。我也不知道自己什么时候进了这个身体,这个身体在我完全不知情的时候不管不顾地变化着。"

这样的感受与我之前的分析不谋而合。《乳与卵》的后半部分还要更精彩，真实展现了与女性特有的身体性相关的各种语言的诞生过程。例如，绿子的沉默不仅是在拒绝语言，也在抗拒自己擅自成熟的身体。母女之间通过身体相连，可以发展成共振最深，也最能彼此伤害的关系。聪明的绿子意识到自己对母亲说的话越来越尖锐，于是只能选择放弃语言。

另一方面，姐姐卷子对隆胸的欲望几乎变成了"谈论隆胸的欲望"。她来东京不是为了手术本身，而是术前咨询，这一点具有象征意义。卷子围绕着人工身体喋喋不休，比如该选择哪家医院植入硅胶，听起来像是徒劳而癫狂的自言自语。她在澡堂里热切地观察和评论其他女性的乳房。

卷子认为，自从生了女儿，给女儿喂奶，她便失去了乳房。为了恢复失去的身体，卷子变得喋喋不休，实际上这种欲望并没有真正的理由。当叙述者"我"问她为什么非得隆胸不可时，卷子哑口无言，无法给出明确的答案。

绿子写道："把不再给我吸的奶切开放进别的东西，让它鼓起来，就能回到生孩子前的状态啊？如果是这样，还不如不生我。"在这一刻，无论是母亲卷子还是女儿绿子，她们都在面对同一个迷宫。是的，就是身体性与语言的迷宫。

语言与身体的循环结构

马上就要四十岁、不得不靠卖笑生意养活女儿的卷子，最初想到隆胸的理由是"为了挣钱"和"为了女儿"。然而，当女儿明确表示厌恶隆胸手术，卷子的初衷就失去了立足点。即便如此，她对隆胸的执念却依然留存。这个已经失去根基的隆胸欲望，只能依靠无休无止地谈论隆胸的必要性和方法论来维系。

另一方面，厌恶母亲隆胸的绿子写下"还不如不生我"，这种厌恶本身根植于对女性身体的嫌恶，更进一步说，是通过自我嫌恶来实现的自恋。这种矛盾体现了青春期常见的冲突——因自恋而做自我否定。

也就是说，无论是对身体的执念，还是对身体的厌恶，最终都变成了语言，通过谈论来遮掩女性特质的轻浮无根。

之前已多次提到，所谓女性特质的本质并不存在。这意味着，没有哪些绝对的无可动摇的语言能够用于描述"女性化＝身体性"。谈论女性特质的困难在于：越试图用语言彻底描述，越会触及身体性的无根基；反过来，追求身体性又会触及语言的无根基。这是一种奇妙的"嵌套"结构。

"嵌套"正是川上作品中的一个关键意象。

绿子思考着关于卵子的事情，"未出生的生命，存在于未出生之间"，这是一种奇妙的现象。她也思考语言，"语言里，没有语言无法解释的东西"，这同样令人惊奇。是的，语言就像卵子，"嵌套"几乎无处不在，尤其是在语言与身体交汇之处。

语言与身体的关系正是构成最复杂"嵌套"的核心。这一点尤为重要。与男性不同，女性总是被迫时刻意识到自己的身体。对于女性而言，"自我"与身体性密不可分。因此，所有试图表达"我"的语言都不得不从身体中产生。**然而，身体中早已栖息了语言。先有语言，还是先有身体，已经无法确定。**

当我的语言思考我的身体时，这种"嵌套"便会孕育出无限的"我"。这个"我"的幻想，是伴随着身体是"我"的容器这一感受，从循环构造中诞生的。此时，进行自我指涉的并不是"我"；自我指涉的行为本身才是"我"。

自指的悖论

尾声，故事围绕着"真实的事件"进入高潮，悲喜剧式的戏剧性情节暗示了母女关系才是最终极的嵌套关系，深深打动人心。可以说母女关系中特有的困难，类似于自我指涉的悖论。

这是什么意思呢？让我们回想一下之前提到的萩尾望都的《我的女儿是蚕蜥》。母亲觉得女儿有一张蚕蜥脸，所以厌恶女儿，实际母亲自身就是蚕蜥脸。也就是说，女儿继承了母亲的特质，女儿的女儿或许同样是蚕蜥。

女儿从小到大被母亲说成是蚕蜥，导致女儿看自己无论如何都只是蚕蜥。这意味着，母亲的话语塑造了女儿的身体和自我认知。更复杂的是，母亲对女儿说的话，往往是无意识地在讲述她自己。这一点很关键。

母亲通过言语支配女儿，促使身体同一化。在这个意义上，母亲的话语在两个层面上是真实的：

一，言语无意中描述了母亲自身的身体（事后性）；

二，这些言语最终会反映在女儿的身体上（预见性）。例如，在吉永史的《该爱的女儿们》中，麻里的母亲不断对她说"你不可爱"，这实际上反映了母亲自身的情感和期望。

母亲的身体性通过这种语言传递给了女儿。换句话说，所有女儿的身体中都被安装了母亲的语言。想到这里，就能理解"女儿弑母"多么困难了。无论女儿多想否定母亲，她们早已活在母亲赋予的语言中，也只能继续这样活下去。那么，该如何摆脱困境呢？

终章

如何恢复关系

在思考一个关系里潜藏着的诸多问题时，
理解可以带来明亮的希望。

理解与解决往往不可分割。

关于寻医

综合此前的章节，本章需要写一些接近结论性的内容，但我很难轻易下笔。母女关系已是无数女性论者反复探讨过的主题，男性的我究竟能增添多少新内容呢？答案显而易见——恐怕无能为力。

如果让我稍做辩解，我认为，像母女关系这样的主题不一定需要一章"方法篇"。这类书的价值在于提示新的分析和解读，这本身就能激发读者寻求解决之道。一旦将解决方案写得过于明确，反而可能剥夺了读者探索和实践的动力。基于这种"考量"，我也想过干脆把笔搁下，留白而止。

不过，我还是想冒险给出一些解决的线索，这么做更多是为了我自己。在撰写本书的过程中，我从许多书籍中获得了有益的临床启发。我希望在整理和消化这些启发后，给读者指出一个解决问题的方向。

我会避免落入精神科医师或心理咨询师著作的常见窠臼——"建议找医生治疗或咨询"。母女关系问题，有可能发展为如进食障碍或茧居等病理状态，也有不少情况并未达到这种程度。即使是病理状态，也不是所有专业人士都能够妥善应对。不当的治疗可能会使问题复杂化，甚至引发医源性（由医疗引发的病理）的病症。

除非母亲或女儿一方已经出现明确需要治疗的症状，一般来说，我不建议大家寻求治疗或做心理咨询。如果本书能有一些"实用性"，那应是帮助当事人从理性层面理解问题的源头。在思考一个关系里潜藏着的诸多问题时，理解可以带来明亮的希望。

只有到了问题已经复杂到当事人无法自行解开的地步，我才建议寻求治疗手段。正如前文所述，能够妥善处理母女关系问题的专业人士非常有限。作为一名临床从业者，我自己并不算是母女关系领域的专家。因此，在接受治疗或咨询前，我建议大家至少去充分了解一下医生的专业性及治疗可能带来的益处。

过好自己的生活

在此前各章提出的一些视角中，有些可以成为解决问题的线索。不妨来回顾一下。

进食障碍的事例，提出了充满共情与关爱的支配关系（金色牢笼）。茧居事例，讨论了过度密切的关系带来的弊端。

谈到过度密切的关系所引发的问题时，梅兰妮·克莱因提出的缜密理论具有重要的参考价值。其中，在"无形支配"形成的过程中，"投射性认同"和"偏执－分裂心位"是极为重要的概念。

和克莱因理论一样，各种理论的作用不在于让我们对问题有完美的理解，而在于帮助我们更容易发现问题的所在。

家庭系统理论揭示了精神分析难以察觉的关系病理，例如"纠缠""主动进入纠缠的孩子"等。斋藤学的成人子女理论让我们了解到，即使母女保持了物理距离，"内在母亲"的作用依然会影响女儿的生活。高石浩一的讨论，让我们意识到母女关系中的"受虐型控制"。

从以上这些论点可以看出，理解与解决往往不可分割。

认识到问题所在之后，作为解决的基本策略，至少需要考虑以下几点。这些不仅仅是给母亲的建议，但母亲如果能察觉到自身的欲望，就有可能放开手，给女儿自由。

·察觉支配与被支配的关系，并抑制这些欲望。这里不仅包括"想要支配的欲望"，还包括"想要被支配的欲望"。此外，母亲应该理解，"自我牺牲"或"责任感"，很有可能会落入自我逻辑陷阱，支撑母亲的控制行为。

·若想摆脱情感纠葛导致的过度密切关系或密闭关系，可以考虑母女分开，各自生活。

·思考"独立"的真正意义。关于这一点，我们不妨再次引用第三章中哈丽特·勒纳的建议："母亲能够送给女儿的一份伟大礼物，就是尽可能过好自己的人生。这也是我能送给儿子和自己的礼物。"

然而，正如之前所提到的，弄清楚什么才是真正属于自己的人生，其实是一件不太容易的事。探讨母女关系中的"独立"时，一个重要的视角是去想象一下如果对方"不在"，你是否依然会选择目前的生活方式。如果对方不在，你依然能选择这样的生活方式，可以认为独立性较高。如果连对方的缺席都无法想象，就实在难称真正意义上的独立。

刻意保持距离

勒纳的建议让我联想到仓持房子的漫画《一直放在口袋里的肖邦》，讲的是卓越的钢琴家母亲须江爱子和虽有天赋却碰上天花板的女儿麻子的故事。

母女关系不是这部作品的唯一主题。故事还描写了麻子的恋爱、师生关系、与失散父亲的关系修复，等等。这部漫画整体轻快，偏喜剧，可以说是本书提到的作品中最"不沉重"的一部。

母亲爱子为自己的音乐会日日繁忙，没有时间陪女儿麻子练习钢琴。麻子认为母亲把自己丢给了音乐学校的老师，非常不满母亲置她于不顾的冷漠态度，后来通过一件小事，她了解了母亲的真心。

有一天，母亲爱子一反常态，让学生们自由参观自己的钢琴练习，还指导一名学生的母亲，说为了培养孩子的音乐感受能力，可以让孩子多做一些家务。那名母亲不悦地反问："老师你会让自己的孩子做家务吗？"爱子微笑着回答道："麻子的炖菜做得很棒哦。"

麻子躲在一旁偷听对话，瞬间感受到母亲的真意，被一种无可辩驳的幸福感包围，原来母亲对她不管不顾，让她做家务，是为了教会她生活对于钢琴家的重要性。或许爱子也担心自己的才能会压迫女儿，女儿有可能会被过度同一化，所以刻意保持了距离。

这部作品里的母亲全力过好自己的钢琴家人生，最终她与女儿关系也得以健康发展。不过这名母亲的态度又让人怀疑，这一切是否只是单纯的"天然"表现。她真的没有做过深远至此的考量吗？这仍是一个谜。或许真相只是，她随自己心愿过着自己的人生，在她的影响下，一个优秀的女儿自然而然地成长。两种解释皆可说通，是这部作品的深邃所在。

第三者的位置

第二章中提到的卡罗琳·埃利亚凯夫在著作中提示了解决这一问题的具体线索。埃利亚凯夫将母女关系视为"柏拉图式的乱伦",她十分重视第三者的存在。因为所有"乱伦"问题的根源都在于对第三者的排斥。

在埃利亚凯夫所描述的"柏拉图式乱伦"关系中,父亲被疏远,受到排斥。如果是这样,也许解决问题的关键在于让父亲重新深度参与到家庭关系中来,至少理论上讲是这样的。从这个意义上说,我尤其希望父亲们读一读本书。从我个人的经验所见,能够察觉母女关系问题的男性几乎微乎其微。作为当事者中的一员,家庭中的男性若能意识到并理解这一点,无疑有助于母女之间建立更适当的关系。

作为一名临床医生,我也清楚地知道,这只是一种理想状态。不幸的是,大多数父亲以工作和忙碌为由逃避家庭问题。他们中许多人深信,仅凭一句"我在挣钱养家",就可以免除他们在家庭中应负的责任。可惜他们并未意识到,他们由此被轻视、被疏远，付出了更沉重的代价。

埃利亚凯夫认为，"父亲"不是唯一能担当起第三者角色的人。她强调的第三者功能，是指"首先将母亲和女儿分离开来，避免两者发生认知混淆，加深差异，让一方免受另一方的控制（在这里指的是母亲对女儿的控制或女儿对母亲的控制），并发挥调解作用"。她认为，第三者也可以是女性。

前面提到的仓持房子的作品也是一例，在父亲缺席的家庭里，承担第三者功能的，是生活、朋友和老师。

为什么需要第三者？埃利亚凯夫补充了几点论述：

对于女儿而言，在形成身份认同的过程中，与同性的母亲的认同是不可或缺的步骤。然而，更为重要的是与母亲形成差异化，即意识到自己与母亲是不同的存在，并且接纳和实现这一点。

在母女关系中，过度认同有时会发生自我认知的混淆，导致混乱。只有第三者能够防止混淆，推进差异化。埃利亚凯夫最终得出结论——建立父亲、女儿、母亲三方都不被疏离的"三人关系"至关重要。我也赞同这个解决方向，虽然劝说父亲参与进去是很困难的事。

意识到"母亲的语言"的作用

第四章里探讨了"母亲的语言"。"母亲的语言"往往会像铭刻在女儿的身体上一样，留下长久影响。母亲讲述自己的语言，会连带规定女儿的未来。据我所知，许多女性都因母亲曾对自己说过的一句难以忘怀的话而持续痛苦，很少见男性发出类似的抱怨。

这个问题与身体性深深相关。可能的解决之道是什么？

一个非常重要的起点就是，母亲自身要意识到"母亲的语言"的作用，要避免自己的话语变成讲述个人愿望、自我厌恶或自身创伤的"自我叙述"，要去考虑这些话是否已经像预言一样深深影响了女儿的行为。在这一点上，母亲需要谨慎，并尽可能与女儿进行大量而坦率的对话。

沉默的关系会使每一句话显得过于沉重。持续的、大量的对话，可以减轻语言的分量，并避免让一句话成为决定性的负担。即使说错了什么话，也能柔软地挽回。因此，保持交流极为重要。

埃利亚凯夫提到的第三者的位置，在此显得尤为关键。为了防止母亲的话直接成为唯一的真理，需要第三者来再次诠释各种解释，或者提出不同见解。母亲的话之所以会被视为绝对真理，是因为这些话通常发生在母女关系的"密室"内部。

以上是基于"母亲的语言"的作用所做的一些普遍性建议。

在讨论言语问题时，我想以一部漫画作品作为结尾。

近藤洋子的《金合欢之路》这部名作，从照护母亲的视角出发，描绘了地狱般的母女关系，还曾被改编为电影。之所以提到这部作品，是因为从言语角度思考母女关系的修复时，这部作品很有启发性。

女主人公美佐子是一名二十多岁的编辑，自从高中毕业后，已经有八年没有回到母亲住的公寓了。有一天，她从姨妈那里得知，母亲患上了阿尔茨海默病。尽管不情愿，美佐子还是为了照顾母亲回到了母亲家。然后她看到了已经忘记亲生女儿模样、完全变了样的母亲。

美佐子的母亲曾是教师，对女儿的管教异常严厉，甚至不惜体罚。母亲与父亲因性格不合离婚，母亲独自抚养美佐子，付出了巨大努力。然而，美佐子只觉得母亲令人厌恶。她上大学后开始独居，工作后以为终于摆脱了母亲，但可怕的过去重新逼近她，只是换成了照护的形式。

母亲的病情逐渐加重，开始外出迷路不归。为了护理母亲，美佐子不得不放弃工作，无法与恋人结婚，内心渐入绝境。崩溃的美佐子甚至萌生了与母亲一起轻生的念头。就在这个时候，拯救美佐子的，是一个路过的年轻人。

性别问题

如果把故事里的母女关系换成父子关系，是否同样成立？从照护的角度来看，父子关系也会面临类似状况。然而，这个故事之所以如此令人感到深切的恐惧与不安，或许正是因为它讲述的是一段母女关系。

例如，美佐子在照护中遇到的种种困难，体现出的几乎都是性别偏差。美佐子为了照顾母亲，不得不放弃编辑的工作，虽然没有人直接对她施加"辞职吧"的明确压力，但美佐子的姨妈命令她"赶快回家去照顾你妈"，认为女儿辞职回家照顾母亲是天经地义。当美佐子把母亲关在家里，自己出门上班时，母亲大吵大闹叫喊"开门"，导致邻居投诉。对美佐子来说，这些看似微小的事件一件件累积，形成了"辞去工作专心照护"的巨大压力。不，大众价值观早已将这种恐惧深深植入了美佐子的内心，是"世俗"和"外人的目光"在迫使她，不然美佐子就不会以一种"仿佛所有不好的预感都成真了"的形式，被困在母女关系的密室里。

换作男性会怎样呢？当父母患上阿尔茨海默病时，社会对男性的要求似乎没有对女性的那么强烈，很少强调"你首先要照顾父母，而不是工作优先"。即使男性选择工作优先而忽略对父母的照顾，大众也会觉得"没有办法"，轻轻放过。

美佐子不得不把希望寄托在婚姻上，也是想获得经济上的安定，从而专心照护母亲。恐怕男性会有完全相反的想法："照护的事交给妻子就好，自己专注于事业。"从这个意义上讲，男性"容易"拥有更多契机去切断亲子关系。而女性则往往被困在家庭之中，拥有更多契机去强化亲子关系。

美佐子想到，"母亲当初养育我，是出于不得已。那现在，我也要出于不得已去照顾她吗"，这个念头揭示了母女关系的部分困难实际来自外界，来自外人的目光，也就是社会和世俗的压力。如果说这种"不得已"的连锁反应维系了母女间的复杂关系，那么女性对这种连锁反应的抗拒力注定要比男性更弱。

"症状"的连锁

这部作品里有一个场景：小时候的美佐子问母亲"我也想结婚当个媳妇，不可以吗"，遭到母亲的嘲笑。这看似简单的一幕留下了复杂余韵。

这个场景是通过美佐子的回忆描绘的。在她的记忆里，母亲一脸嘲笑，回应道"你真想嫁人啊"。看到这里我不得不认为，美佐子这段记忆可能存在某种扭曲。或许，美佐子早已预料到了母亲的反应，甚至已经接受了母亲会否定她想成为"媳妇"的愿望，才提出这个问题。母女关系的复杂之处在于，双方逐渐以各自的方式预判对方的反应，从而导致关系中负面因素被不断放大。

为什么"嫁人"这个愿望必须被否定呢？美佐子的母亲的自我认知是"一名优秀教师"，这是她自尊心的依托，她想将教师职业也强加给美佐子："教师是女性可以做一辈子的工作。""因为我就是教师，才能不依靠别人，一手将你养大。"母亲的这些建议确实带有强烈的强迫性。然而，这种建议并非单纯是母亲的自恋表现，也看不出她在将未能实现的愿望随意转嫁到女儿身上。至少表面上看，这是一名女性向另一名女性传递"如何在这个弱肉强食的社会里活下去"的话语。

这背后或许隐藏着一个更本质的问题：为什么母亲甚至要将"怎么活"都强加给女儿？这种强迫性远比对儿子的期待更为直接。正如前面提到的，母亲将生活方式和职业观念强加给女儿，看上去是在传递人生智慧，似乎是母亲在告诉女儿"作为女性在这个世界上如何生存"。然而，这种态度变得复杂的原因在于，本应为了"更好地生活"而传递的智慧，最终不可避免地演变成了一种忽视女儿立场和时代背景的粗暴干涉。

可以说，其中涉及了一种超越理性判断的"症状"。简单描述就是母亲认为她有权干涉女儿的生活方式。进一步来说，这种"症状"的根源，无疑在于母亲的母亲。

实际上，我曾说过"母亲的语言在双重意义上是真实的"，真实之一，即它作为"症状"是真实的。母亲的话因为是症状，所以无法掩饰，也无法控制。它是母女关系中不可避免要表现出来的语言。

走向"无意义的沟通"

在《金合欢之路》中，美佐子的外祖母并未登场，结合之前探讨的母女关系的故事情节，可以推测"症状"的"复刻"几乎是不可避免的。至少我深信是这样。正是这种复刻，导致了美佐子母亲近乎偏执的强硬态度。

在作品中，与美佐子的不幸形成对比的，是她那名拥有幸福婚姻的朋友早百合。这个人物给读者留下了深刻印象。在故事里，早百合被描绘成幸福的象征，这种幸福显然与她早早结婚并忙于育儿的主妇身份密切相关。美佐子的不幸，是因为她"以女性的身份在这个社会里独立生活"，是一种被"重复发生"的不幸。换句话说，假如她从未考虑过离开母亲自立，而是主动选择成为一名主妇，就可以避免这份不幸。在这个意义上，两个角色形成了对照。

仔细阅读又会发现，早百合的幸福并非那么梦幻理想。她一边哄着孩子，一边反复表达一些关于母亲身份的极其平庸的见解，比如"自己的孩子嘛，尿尿和便便一点儿也不脏。我当着别人面前也能敞胸露怀喂奶，母亲就是这样的嘛"。

美佐子对这些话毫无触动，也理所当然。因为美佐子的痛苦来自她无法认同早百合相信的"女性天生具有母性"。

或许，母女关系的困难之一就在于，"女性天生具有母性"的传统观念带来的压迫，与反思性的现代自我意识之间发生着矛盾冲突。正如第一章中提到的，当压迫有所减弱时，曾被隐藏的矛盾便更容易显现出来。

从这个意义上来说，这部漫画似乎表达了这样一种观点：阻碍女性独立的，往往也是女性自己，而这种形象常常以母亲的面貌出现。

尽管这部漫画的最后大致可以看作幸福结局，

同时也带来了复杂而深刻的感动。母亲进入老人日托中心，与周围的老人们愉快地交谈，神态也变得生动。然而，老人们的谈话内容实际上牛头不对马嘴。最终，是这种"不具任何意义的沟通"，让母亲僵硬的表情得以舒展，也让美佐子感到了安心。

漫画的最后一幕，美佐子牵着母亲的手，与母亲的对话，既像是交谈，又像两人擦肩而过。尽管如此，从美佐子坚定地将落在路上的洋槐花瓣称为"金合欢"的态度里，我们可以看出，拯救母女关系的，正是这种"面向无意义所做的沟通"。或许可以说，母女关系被"独立"或"女性的幸福"之类的"意义"填满之时，正是困难与争斗萌发之时。那么，我们割断这些意义，互相解放，也许可以建立更具开放性的母女关系。

后　记

　　本书的策划可以追溯到三年多前。当时，NHK出版社的加纳展子女士看到我在企业宣传杂志《筑摩》上连载的《家族的痕迹》（之后出版了同名书籍），邀请我以"母女心理学"为主题撰写一本书。

　　我一口答应了，由于日常大部分时间花在临床诊疗和撰写专栏连载上，迟迟未能动笔。最终在2007年初，我下定决心认真投入写作。直至书籍完成，实际花费了一年半时间。以我的写作节奏来说，已是相当快的。

　　关于本书的主题——母女关系，我可以说在两个层面上都是"外行"。首先，虽然我在这一领域有一些临床经验，但并没有形成特别深入的问题意识。其次，我本身是男性，对母女关系几乎做不到共情或切身体会。

为了查资料阅读了一些相关书籍后，我逐渐发现了母女问题的独特之处，开始感兴趣。这是因为尽管在这一领域已经有相当多的书籍问世，似乎还没看到哪一本能完整地抓住问题的核心。

过分强调病理的书籍往往极端，忽略了普遍性；侧重心理方面的书籍，往往对女性特质的考虑不够充分；当事人撰写的书籍，则倾向于将问题过度戏剧化和叙事化；治疗师撰写的书籍，又常常带有明显的批判母亲的倾向。至于女性主义相关的书籍，因执着于性别对称性，容易将问题过度政治化。

由此看来，母女关系的问题尽管谈不上是未开垦的领域，但毫无疑问仍是一片视野模糊的地带。容我冒昧地说，或许正因如此，这个领域也能为像我这样的"外行"留下一席之地。怀着这样的想法，我鼓起勇气，硬着头皮写了这本书。

关于本书的构成，我是这样想的：首先对既有论点进行一定程度的俯瞰与整理，着重明确母女关系中"女性特质"的意义。在此基础上，从"关系性"的视角展开我自己的思考与观点。至于这些意图是否得以充分实现，则希望读者朋友们自行评判。

据我浅见，目前还没有其他研究和本书一样，从"身体性"和"语言"的问题切入母女关系。因此，从这一点的意义上，我对自己提供了新的视角持有一定自信。此外，即使读者在内容上有不满，也不会争执本书引用的各种作品和研究资料是一流的。

我希望本书至少能够成为母女关系研究中的一本高质量"书单指南"。还有就是几乎没有其他著作像本书一样大量引用少女漫画中的内容。希望本书能够成为契机，让大家与这些漫画佳作、名作相遇，从中获得幸福的体验。

此外，我自己通过书写这本书，获得了许多新发现。尤其是在探讨少女漫画与母性问题方面，虽然已有藤本由香里的《母性的追求：少女漫画与大岛弓子的世界》（《母与女的女性主义》）这样的优秀论述，但我仍希望从自己的视角对此进行进一步的探讨。还有一个意外发现是，现在《新潮》杂志正在做关于中上健次[1]作品的研讨，我发现从母女关系的视角也可以切入。在将来，我希望能以某种形式把这些"作业"继续做下去。

1　中上健次（1946—1992），日本著名小说家，创作风格酷似福克纳，因而被誉为"日本的福克纳"。

最后，本书能够完成，得益于许多人的协力帮助。尤其是关于少女漫画的引用，我并不熟悉，皆拜漫画史研究会的各位专家提供了宝贵的建议。在此特别感谢藤本由香里和川原和子两位女士，是她们推荐了许多具体作品。金田淳子女士长期以来为我提供了关于"宅女"的珍贵信息，让我获益良多。

我的妻子高野美惠子基于自身的经验，给予我许多宝贵的建议。对于男性难以共情的这一问题，她的见解对我的研究尤为重要。

本书最大的功臣无疑是 NHK 出版社编辑加纳展子女士，是她策划主题，直到书稿完成耐心等待了三年时间。她事无巨细地帮助我，从收集资料到写作环境，都得益于她的优秀能力。本书的大部分内容是在船桥车站北出口的 Royal Host 家庭餐厅里写完的，加纳女士多次陪伴我熬到深夜。最后的冲刺阶段尤其艰难，承蒙她的支持，书才得以完成。在此谨致以衷心感谢。

写于茨城县水户市百合之丘

2008 年 5 月 6 日

参考文献

内田春菊『AC 刑事日笠媛乃』祥伝社、二〇〇七年

楳図かずお『洗礼』小学館、一九七六年

江藤淳『成熟と喪失』河出書房新社、一九七五年

キャロリーヌ・エリアシェフ、ナタリー・エニック「だから母と娘はむずかしい」夏目幸子訳、白水社、二〇〇五年

大島弓子『ダイエット』角川書店、一九八九年

太田治子「恋愛すら、母の手にゆだねていた」『婦人公論』二〇〇二年二月七日号

大塚英志『「彼女たち」の連合赤軍—サブカルチャーと戦後民主主義』文慈春秋、一九九六年

大塚英志「＜母性＞との和解をさぐる」『アエラムックコミック学のみかた。』朝日新聞社、一九九七年

小倉千加子『ナイトメアー心の迷路の物語』岩波

書店、二〇〇七年

　小比木啓吾『エディプスと阿闍世』青土社、
一九九一年

　クリスティアーヌ・オリヴィエ『母と娘の精神分
析ーイヴの娘たち』大谷尚文、柏昌明訳、法政大学出
版局、二〇〇三年

　笠原嘉『青年期ー精神病理学から』中公新書、
一九七七年

　角田光代『マザコン』集英社、二〇〇七年

　加藤正明、藤縄昭、小此木啓吾編：『講座家族
精神医学4家族の診断と治療・家族危機』弘文堂、
一九八二年

　香山リカ「『タリウム』少女はなぜ母親を殺そう
としたのか」『創』二〇〇六年一月号

　川上未映子『乳と卵』文藝春秋、二〇〇八年

　川上未映子「受賞者インタビュー家には本が一冊
もなかった」『文藝春秋』二〇〇八年三月号

　桐野夏生『グロテスク』文熱春秋、二〇〇三年

　草薙厚子「静岡『タリウム毒殺』少女から届いた
七通の手紙」『週刊現代』二〇〇六年六月三日号

　くらもちふさこ『いつもポケットにショパン』集

英社文庫、一九九五年

　近藤ようこ『アカシアの道』青林工舎、
二〇〇〇年

　斎藤学『インナーマザーは支配する―侵入する「お
母さん」は危ない』新講社、一九九八年

　斎藤学『家族の闇をさぐる―現代の親子関係』小
学館、二〇〇一年

　佐野眞一『東電OL殺人事件』新潮社、
二〇〇〇年

　佐野眞一『東電OL症候群』新潮社、二〇〇一年

　キャロル・セイライン『母と娘』池田真紀子訳、
メディアファクトリー、一九九八年

　高石浩一『母を支える娘たち』日本評論社、
一九九七年

　タカノ綾『Tokyo Space Diary』早川書房、
二〇〇六年

　永井豪「ススムちゃん大ショック」『永井豪傑作選
3』朝日ソノラマ、一九七四年

　野口嘉則『鏡の法則』総合法令出版、二〇〇六年

　萩尾望都『イグアナの娘』小学館、一九九四年

　萩尾望都『マージナル』小学館、一九八六年

エリザベート・バダンテール『プラス・ラブ—母性本能という神話の終焉』鈴木晶訳、サンリオ、一九八一年

藤原咲子「『生かしてやったのに』の言葉が、いまも私を苦しめる」『婦人公論』二〇〇二年二月七日号

ヒルデ・ブルック「ゴールデンケージ—思春期やせ症の謎』岡部祥平、溝口純二訳、星和書店、一九七九年

ジークムント・フロイト「女性の性愛について」『フロイト著作集5』人文書院、一九六九年

ジークムント・フロイト「エディプス・コンプレクスの消滅」『フロイト著作集6』人文書院、一九七〇年

グレゴリー・ベイトソン『精神の生態学（上・下）』佐伯訳、思索社、一九八六年

三浦しをん、よしながふみ「ホモ漫、そして少女マンガを語りつくす」『小説Wings』新書館、二〇〇六年冬号

サルバドール・ミニューチン、他『思春期やせ症の家族—心身症の家族療法』増井昌美他訳、星和書店、一九八七年

　山崎朋子「人は産まなくても母になれる」『婦人公論』二〇〇二年二月七日号

　よしながふみ『愛すべき娘たち』白泉社、二〇〇三年

　吉本隆明『共同幻想論』河出書房新社、一九六八年

　ジャン・ルソー『エミール（上・中・下）』今野一雄訳、岩波文庫、一九六二年

　ハリエット・レーナー『女性が母親になるとき―あなたの人生を子どもがどう変えるか』高石恭子訳、僧書房、二〇〇一年